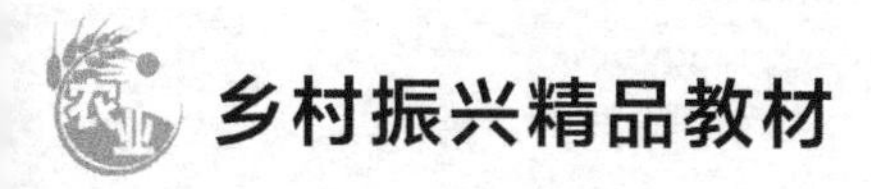

乡村振兴精品教材

小麦

高质高效栽培与病虫草害绿色防控

姜艳艳　董建强　刘瑞增　主编

中国农业科学技术出版社

图书在版编目(CIP)数据

小麦高质高效栽培与病虫草害绿色防控 / 姜艳艳，董建强，刘瑞增主编 .--北京：中国农业科学技术出版社，2022.8（2024.7 重印）

ISBN 978-7-5116-5809-8

Ⅰ.①小… Ⅱ.①姜… ②董… ③刘… Ⅲ.①小麦-高产栽培-栽培技术-无污染技术②小麦-病虫害防治-无污染技术 Ⅳ.①S512.1②S435.12

中国版本图书馆 CIP 数据核字(2022)第 114999 号

责任编辑 白姗姗
责任校对 马广洋
责任印制 姜义伟 王思文

出 版 者 中国农业科学技术出版社
北京市中关村南大街 12 号 邮编：100081
电 话 (010) 82106638（编辑室） (010) 82109702（发行部）
(010) 82109709（读者服务部）
网 址 http://www.castp.cn
经 销 者 各地新华书店
印 刷 者 北京捷迅佳彩印刷有限公司
开 本 140 mm×203 mm 1/32
印 张 5
字 数 135 千字
版 次 2022 年 8 月第 1 版 2024 年 7 月第 2 次印刷
定 价 38.80 元

#《小麦高质高效栽培与病虫草害绿色防控》

编委会

主　编：姜艳艳　董建强　刘瑞增

副主编：陈艳梅　范迎厚　王　博　张爱兰
林建华　欧阳小芳　相殿国　尹朝霞
尹功超　阳立恒　郑　慧　陶　旺
郝占永　米永刚

编　委：宋淑玲　刘佳勋

前　言

小麦在我国是仅次于水稻的第二大粮食作物，小麦生产形势的好坏对我国社会经济发展、人民生活水平提高和国家粮食安全都具有举足轻重的作用。因此，依靠科技，走高质、高效、生态、安全协同发展之路，实现小麦持续增产，确保其安全有效供给，将是小麦生产长期而艰巨的重要战略任务，亦是实现农民增收的必然选择。

本书介绍了小麦的基础知识、小麦高质高效栽培新技术、小麦防灾减灾技术、小麦病虫草害绿色防控、小麦收获贮藏与加工技术等内容，集系统性、科学性、实用性于一体。

由于编者水平有限，书中错漏之处在所难免，恳请读者批评指正。

编　者

2022 年 5 月

目　录

第一章　小麦的基础知识

第一节　小麦的一生

小麦从种子萌发开始，经过出苗、生根、长叶、分蘖、拔节、孕穗、抽穗、开花、结实等一系列生长发育过程，直到产生新的种子，即为小麦的一生。

在小麦的生长周期中，要经历几个外部特征具有明显变化的阶段，这些阶段叫作生育时期。在生产上，根据器官形成的顺序和便于掌握的特征，把冬麦的整个生育期分为 13 个生育时期，春麦分为 10 个生育时期，不包括越冬期、返青期和起身期。

一、营养生长阶段

（一）种子萌发和出苗

1. 萌发期

小麦播种以后，在适宜的外界条件下，种子吸足水分，开始生命萌动。当胚根的长度等于种子长度，胚芽约为种子长度的一半时，称为萌发期。

2. 出苗期

全田 50%麦苗第 1 片真叶露出地面 2~3 厘米时，即为出苗期。

如果墒情好且温度适宜，小麦播种后 5~7 天就能出苗。

（二）三叶期

三叶期指禾谷类作物第一、二片叶完全展开、第三片叶抽出并伸出 1 厘米的时期。三叶期时种子胚乳养分已基本耗尽，幼苗开始从土壤中吸收养分，所以又称“离乳期”或“断奶期”。小麦等的三叶期还标志着即将开始分蘖与长不定根，是采取措施促进幼苗健壮生长的重要时期。小麦三叶期又叫小麦断乳期。

（三）分蘖期

分蘖期标准为第一个分蘖芽萌发，并从主茎叶腋内伸出 1~2 厘米。全田 50%以上植株出现分蘖的日期为全田分蘖期。

（四）越冬期

越冬期是指气温降至 3℃ 以下，地上部分基本停止生长的日期。

二、营养生长与生殖生长并进阶段

（一）返青期

翌年春天，随着气温的回升，当日平均温度达到 3℃ 以上时，小麦开始返青生长，麦苗心叶基部出现橘黄色，开始进入返青期。一般春性品种返青期在 2 月上中旬，半冬性品种在 2 月下旬至 3 月上旬。

（二）起身期

当春季日平均温度上升至 10℃ 以上时，麦苗由原来匍匐生长

开始转向直立生长，基部第一节间开始伸长，幼穗进入护颖和内外颖原基分化期，即为起身期。对于春性品种，大都为直立型，加之春季温度回升较快，在生产中起身期并不明显。

（三）拔节期

全田50%以上的麦苗基部开始伸长，节间露出地面1.5~2厘米，幼穗分化进入雌雄蕊原基分化期时，即为拔节期。一般春性品种拔节期在3月上中旬，半冬性品种在3月中下旬。

（四）孕穗期

麦田50%以上植株的剑叶全部伸出倒2叶叶鞘，幼穗分化接近四分体形成期时，即为孕穗期。一般春性品种孕穗期在4月上旬，半冬性品种在4月中旬。

三、生殖生长阶段

（一）抽穗期

麦田10%以上茎秆的麦穗顶小穗露出剑叶鞘时，为始穗期；50%以上的麦穗顶小穗露出剑叶鞘时，即为抽穗期；90%左右的麦穗露出剑叶鞘时，称为齐穗期。一般春性品种抽穗期在4月中旬，半冬性品种在4月下旬。

（二）开花期

小麦抽穗后3~5天开始开花，麦田50%以上的麦穗中部小穗开始开花时，即为开花期。一般春性品种开花期在4月下旬，半冬性品种在5月上旬。

（三）灌浆期

小麦从开花受精到籽粒成熟，历时 30~40 天，根据此期籽粒内外部变化可分为 3 个过程。

1. 籽粒形成过程

从受精开始，历时 10~12 天。此期胚和胚乳迅速发育，胚乳细胞数目在此期决定，因而是形成籽粒潜在库容的时期。该期明显的特点是籽粒长度增长最快，宽度和厚度增长缓慢；籽粒含水量急剧增加，含水率达 70%以上，干物质增加很少（千粒重日增长量 0.4~0.6 克）；籽粒外观由灰白色逐渐转为灰绿色，胚乳由清水变为清乳状。当籽粒长度达最大长度的 3/4（多半仁），该过程结束。这时植株地上绿色部分干重仍在增长，说明光合产物以茎叶积累为主，为灌浆储备物质。

2. 灌浆阶段

从开花后的 10~30 天，麦粒从“多半仁”经过“顶满仓”到乳熟末期为灌浆阶段。在此期间，胚乳内积累淀粉很快，干物质急剧增加。根据物质积累多少及籽粒颜色又可分为乳熟期和面团期两个时期。

（1）乳熟期。历时 12~18 天，籽粒长度继续增长并达到最大值，宽度和厚度也明显增加，并于开花后 20~24 天达最大值，此时籽粒体积最大（顶满仓）。随着体积增长，胚乳细胞中淀粉迅速积累，并不断分化形成新的淀粉粒，籽粒干物质呈线性增长，千粒重日增长量达 1~1.5 克，后期达 2 克左右。一般在灌浆高峰期，茎叶等营养器官中的储藏物质也向籽粒转运，参与籽粒物质积累。此期，籽粒绝对含水量变化较平稳，但相对含水率则由于干物质不

断积累而下降（由70%下降为45%），胚乳由清乳状最后变为乳状。籽粒外观由灰绿色变为鲜绿色，继而转为绿黄色，表面有光泽。茎基部叶片枯死，中部叶片变为黄绿色，上部叶片、节间和穗子仍保持绿色。此时如果水肥缺乏，上部叶片也会早衰变黄。

（2）面团期。历时3天左右，籽粒含水率下降至38%~40%，干物质增加转慢，籽粒表面由绿黄色变为黄绿色，失去光泽，胚乳呈面筋状，体积开始缩减。此期穗鲜重达到最大。

籽粒灌浆速度特点是：慢—快—慢，即“多半仁”以前灌浆缓慢，从“多半仁”到“顶满仓”速度加快，达到“顶满仓”以后，灌浆速度又减慢。灌浆时间的长短和灌浆速度的快慢，都直接影响粒重的高低。因此，灌浆阶段是籽粒增重的关键时期，要注意防治病虫害和防止倒伏。

3. 成熟阶段

成熟期小麦大部分籽粒的胚乳呈蜡质状，籽粒变硬，麦穗和穗下节变黄，粒重也最高。一般春性品种在5月底至6月初开始收割，半冬性品种在6月上旬到7月中旬时开始收割。

小麦进入成熟阶段以后，最大特征是干物质积累变慢，籽粒中水分很快下降，籽粒体积开始萎缩。籽粒成熟过程包括两个时期。

（1）蜡熟期。历时3~7天，含水率由38%~40%急剧降至20%~22%，籽粒由黄绿色变为黄色，胚乳由面筋状变为蜡质状。叶片大部分或全部枯黄，穗下节间呈金黄色。蜡熟末期籽粒干重达最大值，是生理成熟期，也是收获期。

（2）完熟期。含水率继续下降到20%以下，干物质停止积累，体积缩小，籽粒变硬，不能用指甲掐断，即为硬仁。此期时间很短，如果收获，不仅容易断穗落粒，而且由于呼吸消耗，籽粒干重下降。

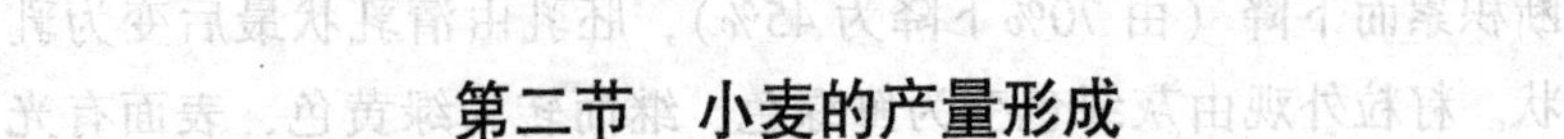

第二节 小麦的产量形成

一、产量构成因素

生产条件下的麦田是一个群体，小麦的经济产量由单位面积穗数、每穗粒数和粒重3个因素构成，从形式上看，3个构成因素的乘积即是小麦单位面积产量，增加其中任何一个因素，都可使产量提高。这3个因素形成的基础都是光合产物的生产积累，它们之间相互影响，因此，只有三因素相互协调发展，才能获得高产。

二、产量构成因素的形成与调控

小麦的产量及产量构成因素是在其生长发育过程中逐步形成的，但不同的产量构成因素形成于不同的时期，因此其调控途径也不同。

（一）穗数

穗数多少决定于基本苗数、单株分蘖数和分蘖成穗率。对穗数的调控有3条途径：一是确定合理的基本苗数，即适宜的播种量。单位面积的基本苗数是群体发展的起点，也是调节合理分蘖数的基础。二是培育壮苗，促进分蘖总量的增加。三是提高分蘖成穗率。在合理的总茎数基础上，提高分蘖的成穗率是最大可能实现穗数潜力的关键。这主要是通过起身期、拔节期的水肥调控措施，促进小麦的无效分蘖死亡，并促进中等分蘖成穗。

（二）穗粒数

决定于小穗的分化数、小花的分化数和结实率。

小穗分化数在基部第一节间开始伸长前确定，小花分化数于旗叶出生前确定。因此，提高穗粒数有3条途径：一是促花途径，即促进小花分化量，要求在穗分化的早期，即冬小麦在返青到起身期进行水肥管理。二是保花途径，即减少退化小花数，要求在穗分化的中后期，即冬小麦拔节前后和孕穗期前后，加强水肥管理，减少退化小花，提高小花结实率。三是综合前两者的促花、保花途径。一般来说，在群体较小时选择第一途径，在群体较大时选择第二途径，在群体适宜时选择第三途径。高产田以第二条保花途径最为重要和稳妥。

（三）粒重

开花至成熟期是决定每穗粒数和粒重的主要时期，粒重的形成涉及多个方面，一是籽粒干物质的来源及运输，二是积累干物质的容积，三是已积累物质的消耗。因此抽穗开花期采取适宜的水分调控、病虫害的防治及适当的化控措施，有利于防止叶片早衰，促进后期光合产物向籽粒运转，提高粒重。

第三节　小麦的籽粒品质

一、小麦籽粒的营养品质

小麦籽粒的营养品质即指蛋白质品质。籽粒的蛋白质品质指籽粒中蛋白质的含量、各种蛋白质组分的比例及组成蛋白质的氨基酸构成。

（一）蛋白质含量

籽粒中蛋白质含量是指单位干物质中含蛋白质的重量，用百分数表示。品种的蛋白质含量是蛋白质品质的基本指标，它与品种的蛋白质产量、营养品质和加工品质具有密切的关系，是小麦品质育种、商品检验中的主要指标之一。

（二）蛋白质组分

蛋白质组分是指组成籽粒总蛋白质的各种不同性质的蛋白质，常用各种蛋白质组分占总蛋白质含量的百分数表示。蛋白质组分与品种的营养品质、加工品质、遗传变异、起源分类有关。研究结果指出，根据蛋白质可溶解于不同溶液的特性，把谷物种子蛋白质分为清蛋白、球蛋白、醇溶蛋白和麦谷蛋白。

清蛋白和球蛋白中赖氨酸含量丰富，营养价值较高，主要存在于胚和糊粉层中，这两种蛋白质分别约占总蛋白质的20%和10%。醇溶蛋白和麦谷蛋白主要存在于淀粉体中，为贮藏型蛋白质，是小麦面筋的主要成分，与食品加工品质密切相关，含量分别为总蛋白质含量的30%和40%。醇溶蛋白在面团流变学特性上主要起黏滞作用，决定着面筋的延展性。麦谷蛋白在面团流变学特性上主要起弹性作用。麦谷蛋白根据其分子量大小分为高分子量麦谷蛋白亚基和低分子量麦谷蛋白亚基两类，优质的高分子量麦谷蛋白亚基对面粉的烘烤品质具有特别的作用。烘烤品质不同的小麦品种，麦谷蛋白的特性也不同，特别是麦谷蛋白亚基组成有所不同。

（三）氨基酸组成

指籽粒中含氨基酸的种类和数量，是衡量籽粒蛋白质营养品质的一个重要指标。

二、小麦籽粒的磨粉品质

小麦的籽粒包括果皮、种皮、胚及胚乳，胚乳的外层为糊粉

层。通过碾磨过筛，胚和清皮（果皮、种皮和部分糊粉层）与胚乳分离，由胚乳制成面粉。磨粉的目的在于使胚乳与清皮最大限度地分离开，生产出量多质佳适宜制作不同食品的面粉。制粉业对烘烤面包的强筋小麦的要求是出粉率高，粉色白，灰分少，制粉简易，面粉流动性好，便于筛理，耗能少，面筋多，筋力大，能烤出优质面包。对供做糕点的弱筋小麦则要求面粉颗粒细，但又不绵软，以保证面粉有适度的流动性，便于筛理，面粉面筋含量低到中等，筋力小，适宜烤出优质糕点。

与磨粉品质有关的籽粒性状主要有籽粒大小、整齐度、形状、皮层厚度、饱满度、腹沟深浅、胚乳质地、含水量、比重、容重等。

（一）粒色和粒形

1. 粒色

小麦的粒色主要分为红色、白色两种，还有琥珀色、黄色、红黄色等过渡色品种。小麦籽粒的颜色与品质无必然联系。小麦的红、白粒间除面粉白度相差0.2%外，出粉率、粗蛋白、面筋、沉降值等主要指标，红粒都超过白粒。红粒小麦与白粒小麦中都有优质品种，也都有劣质品种。所以，粒色一般不可作为衡量品种性状的一个取舍指标。当然，白粒小麦种皮较薄，生产标准粉以下的粉种时出粉率较高，蒸出的馒头白度较好，较受欢迎。但是，白粒小麦一般休眠期短，遇雨或受潮穗容易发芽，降低小麦的加工品质。

2. 粒形

小麦的籽粒形状因品种不同，分为长圆形、卵圆形、椭圆形和圆形等，以长圆形和卵圆形居多。圆形或卵圆形籽粒，其表面积小，种皮所占种子总量的百分数也小，所以出粉率高；腹沟较深、开裂型的品种，种皮面积和种皮重量相对较大，所以出粉率较低。

（二）容重

容重（克/升）是国家收购小麦时重要的定级依据，取决于籽粒本身的密度和籽粒的随机体积，是籽粒形状、整齐度、胚乳质地、含水量等的综合反映。凡成熟好、饱满、形状一致、硬质、密度大、含水少的容重就大。容重大的一般出粉率高，面粉灰分少。

（三）硬度和角质率

籽粒硬度与胚乳质地关系密切，对磨粉工序有较大影响。优质面包小麦籽粒应既不过硬，也不过软，有正常的筛理性状、出粉率和面粉灰分含量。硬质麦与软质麦胚乳的超显微结构不同。硬质麦胚乳中淀粉粒与蛋白质基质密结，研磨耗能较多，但其胚乳易与清皮分离，出粉率高，色泽好，灰分少，而且压碎时大多沿着胚乳细胞壁方向破裂，形成颗粒较大、形状较整齐的粗粉，流动性好，便于筛理。软质麦则相反，面粉颗粒显著小而不规则，反映在皮磨粉出粉率高，总出粉率低，容易造成粉路堵塞，因而软质麦的硬度也不应太低。硬质麦制粉淀粉的破损率大，面粉越细，损伤越多，导致面粉吸水率增大。适度的破损淀粉可改良面包烘烤品质，太多太少均有不利影响。淀粉破损太多导致面包心发黏，饼干易产生裂缝，蛋糕质地不匀。软质麦制出的面粉细，淀粉粒又很少破损，吸水少，在和面及发酵时很少膨胀，不变形，易烘干，适宜做饼干。但淀粉破损太少的面粉，做面包可能太干，易失去新鲜性。

测定硬度的方法有多种，主要有玻璃质法（即角质率法）、压力法、研磨法和近红外线反射光谱法。

小麦籽粒角质率与硬度有一定的关系，硬度大的品种角质率

高，但是，两者并不是一个概念。硬度能对籽粒的软硬程度作出评价，而角质率主要由胚乳质地决定，根据角质胚乳或粉质胚乳在小麦籽粒中所占比例，可把小麦籽粒分为全角质、半角质和粉质 3 类。也可根据角质籽粒占全部籽粒的百分数计算角质率。角质率高的品种，一般籽粒蛋白质和面筋含量较高。

（四）出粉率

即面粉产量占供磨籽粒重量的百分数。小麦出粉率高低关系面粉厂的经济效益，是面粉加工企业所要求的一个重要指标。比较同类小麦的出粉率要以制成相似灰分含量的面粉为依据。出粉率高低与胚乳质地、籽粒容重、籽粒整齐度、籽粒大小及种皮厚薄都有关系。一般籽粒大、整齐一致、密度大，饱满、腹沟浅，近圆形、皮层所占比例小，出粉率高。

（五）面粉白度

粉色和白度是面粉品质的重要指标。根据粉色可以判断小麦籽粒的质地。通常软质麦的粉色比硬质麦的粉色浅，但与红粒品种和白粒品种关系不大。因为皮层色素颜色和胚乳颜色无关。面粉颜色决定于胚乳颜色、出粉率和磨粉工艺水平。面粉白度是面粉精度的一个指标。

（六）面粉灰分

灰分是面粉精度的指标，面粉越精细，灰分含量越少。小麦灰分的分布和蛋白质、脂肪、纤维素一样，以糊粉层最多。精粉灰分低，色白，但营养成分少。出粉率和种子清洁程度是影响面粉灰分的主要因素。由于种皮部分含有大量的纤维素和矿物质，出粉率高时，清皮进入面粉的比例大。因此，会增加灰分含量。

三、面包烘烤品质

（一）面包体积

不同品种的等量面粉，在相同条件下烘烤出的面包体积差别很大，具有良好加工品质的优质小麦会烤出体积较大的面包。一般用100克面粉烘烤出的面包体积计算。

（二）面包比容

面包比容是体积（厘米^3）与重量（克）之比，两者都应在面包出炉后30分钟内测量完毕。比容越大，面包的体积越大。优质的面包小麦面粉所烤制的面包比容为4.0~5.0。

（三）面包心的纹理结构

面包心的纹理结构，指面包出炉18小时后，被切开断面的质地状态和纹理变化。质地优良的面包应该是：面包心平滑细腻，呈海绵状，气孔（或称蜂窝或单胞）细密均匀并呈扁长状，胞壁细而薄，无明显大孔洞和坚实部分。我国大部分小麦品种的面团缺乏耐揉性，以至于烤出的面包纹理结构常常是：面包心粗糙，气孔或大或小不均匀，有大孔洞或坚实部分，胞壁较厚。

第二章　小麦高质高效栽培新技术

第一节　机械化整地

一、耕翻整地

耕翻整地主要是在麦茬和无深翻、深松基础的硬茬，以及杂草严重的地块上进行。目的在于疏松土壤，接纳雨水，破除板结，掩埋残茬，消灭杂草，防除病害，为小麦出苗打基础。

整地的质量要求是：翻垡整齐严密，不准有三角抹斜，不重不漏，翻幅一致，减少开闭垄，达到犁底平、地表平整、土块细碎的目的。

小麦地块的耕作，应在大豆、玉米和其他大田作物收获后抓紧进行。耕翻时期是早翻好于晚翻，伏翻好于秋翻，秋翻好于春翻，以伏翻最好。伏翻土壤熟化时间长，接纳雨水多，可积累较多的营养物质。耕翻整地要做到翻、耙、耢结合，可实行连续作业，这是提高整地质量、减少能源消耗、保存土壤水分的重要措施。但是，不能一概而论，应视翻后土壤水分状况灵活掌握耙、耢时机。如土壤墒情好，可隔日耙、耢；对于低洼易涝地块，为了散墒，可粗耙一遍，翌年春季解冻后再进行早春耙、耢。

（一）耕翻作业的田间准备

耕翻作业前，要做好田间清理工作，清理或散开成堆的秸秆、颖壳，清除障碍物，对不能清除的障碍物，应做明显标记。对准备耕翻的地块进行合理的区划。用普通的牵引犁或者悬挂犁在面积较小或者宽度很小的地块翻耕，可以采用向心或者离心翻法作业，即全田打一个离心垡或者是向心垡进行翻地作业，如果采用翻转犁耕翻作业，只需在一侧地边打一个顺垡，拖拉机牵引或悬挂翻转犁采用梭形作业法进行耕翻作业。如果在面积较大或者宽度很大的地块作业，最好采用三区套耕法作业，这样可以有效地减少开闭垄数量和机车空行路程，保证耕翻作业质量和经济效益。

正式开始作业前，要先翻出横头枕地，以方便机车作业时回转和保证地头耕翻的作业质量。枕地的宽度应等于机组工作幅宽的整倍数。

在翻好枕地的地块内，根据不同的作业方式插上开垡用的标杆。如果采用离心翻法，标杆应插在地块宽度的中央，开垡时拖拉机从田地中间开始作业，逐渐向田地的两边耕翻，故为离心垡。如果采用向心翻法，则应从田地的两边开始，标杆插在地的两边，拖拉机从地边向中心耕翻，故称向心垡。如果采用三区套耕法作业，标杆就插在地块的两边距地边全地宽度的1/6处，拖拉机沿着标杆离心作业，在一侧耕翻到地边以后，从地的另一侧再沿着标杆离心耕翻，翻到地边后，再沿着地中间剩下的土地的两侧向中间耕翻，直到翻完为止。

（二）机具准备

在作业开始前，应对参加作业的机车和农具进行全面的技术状态检查和验收，不经农机监理和农机管理部门验收合格的机车及农具不允许参加作业。

机组作业开始前，应在作业现场进一步检查和调整，尤其是对牵引犁牵引点高低、左右的调整，要做到各铧耕深一致，耕幅标

准，不跑偏，不打斜；悬挂犁的液压装置中央拉杆调整合适，确保前后铧耕深一致，工作时犁架保持与地面平行；合墒器工作状态良好。

（三）耕翻作业

耕翻作业的第一个环节就是打堑。打离心堑时，驾驶员要把大犁调整到前铧浅、后铧深的状态，打开心堑则相反，因为这样可以控制田间开闭垄的高度。作业时，驾驶员的精力要高度集中，通过在车上选中的一个固定目标和插在田间的标杆三点成一线，驾驶机车直线作业，尽量减少停车次数，以避免因为驾驶员驾驶位置变化而影响拖拉机行驶的直线度。

作业中要保持机车的正常作业状态，不得因为操作不当而造成重耕或漏耕。发现犁铧间有杂物堵塞应及时清理，以免影响机车的正常作业。在出入堑时要特别注意，出堑时一定要在大犁完全进入枕地后方可升犁并转弯；入堑时，要在枕地中把大犁摆正后进堑，否则就会出现三角漏耕地块，影响作业质量。

（四）作业质量标准

（1）保证规定的耕深和碎土要求。伏、秋翻地耕深为16~22厘米，春翻地耕深应≥14厘米，耕深一致，误差为±1.5厘米。

（2）耕作直线度及耕幅一致性。耕堑直，百米弯曲度≤15厘米；耕幅一致，实际幅宽与设计幅宽误差为±4厘米。

（3）翻垡良好，作物残茬、杂草与肥料应严密覆盖。立垡与回垡率<5%。残株杂草覆盖率>90%。

（4）地面平整度。垂直耕幅10米长度范围内地表平整度≤10厘米。

（5）耕作完整，不留田边地角，不出现三角抹斜，地表深沟应填平，高垄应铲平。不漏耕，重耕率≤2%，地头横耕整齐。

(6) 开闭垄要求。开闭垄距离>40 米，开垄宽度≤30 厘米，深度≤15 厘米，闭垄高度≤10 厘米。

二、深松整地

深松整地可充分打破犁底层，使土壤极大地提高水分入渗率，增加土壤水含量，更利于小麦在不同需水期获得充足的水分供给，同时，对排碱除涝也有着显著的作用。此外，由于深松作业只松土，不翻土，因此特别适于黑土层浅、不宜翻地作业的地块。机械深松技术可有效地蓄积雨水和雪水，而传统耕作法由于耕层浅，只有 13~22 厘米，犁底透水性差，雨水不能很快进入耕层，形成径流而流失。采用深松蓄水技术可有效改善土壤蓄水保墒能力，充分接纳天然降水，建立土壤水库。坚持常年深松，对解决旱区农业制约瓶颈、促进农业生产发展起到重要的推动作用。

（一）深松作业的原则

深松作业应根据土壤墒情、耕层质地情况具体确定。一般耕层深厚，耕层内无树根、石头等硬质物体的地块宜深些，否则宜浅些；作业季节土壤含水量较高、比较黏重的地块不宜进行全面深松作业，尤其不宜采用全方位深松机作业，以防翌年出现坚硬干结的垡条而无法进行耕作；机具作业入土时应随机车行进入土，机车行进中不得急转弯和倒车，以防损坏机具；深松作业以打破犁底层、蓄水保墒（排涝）为目的，因此，深度应以 35~45 厘米为宜，以利于土壤水库的形成和建立。

（二）深松作业的种类

机械化深松按作业性质可分为局部深松和全面深松两种，按作

业机具结构可分为凿式深松、铲式深松、振动深松等。不同深松机具因结构特点不一，作业性能也有一定差异，适用土壤及耕地类型也有一定的变化。一般以松土、打破犁底层作业为目的的常采用全面深松法，以打破犁底层、蓄水为主要目的的常采用局部深松法。有些种类的机具兼有局部深松和全面深松的特点，如全方位深松机、振动深松机等，具有犁耕阻力小、松土效果好、蓄水保墒能力强、松土深度大等特点，近年来被广泛应用。

（三）深松作业方法

在准备进行深松作业地块的两头要用犁翻出枕地，以方便深松机组出入垄时起落农具和地头转弯。

深松作业一般采用梭形耕法作业，垄地深松可以顺垄向深松，平地深松可以顺松，也可以斜松，但斜松容易造成转弯处漏松，所以一般不采用斜松。

（四）深松作业的质量要求

深松作业包括土壤全面深松、起垄深松和中耕深松。深松作业的质量要求如下。

（1）深度适宜，地头整齐，松向直，不漏松，不破坏表土。

（2）深松要在土壤水分适宜的条件下进行，严禁湿整地。

（3）深松机工作部件间距合理，有垄地块按垄距要求，行距误差为±2 厘米；全面松行距为 30~50 厘米。

（4）深松深度在 25~30 厘米，超深松耕深≥30 厘米，以破碎犁底层为原则，各行深度一致，误差不超过±2 厘米。

（5）往复结合垄为 35 厘米，允许误差±2 厘米。

（6）地头起落整齐，松到头，松到边。地头宽度为 5 米，两侧距林带或田间道 1 米，并用大犁圈边。

三、耙地作业

耙茬是用中型耙或重耙对原茬地进行耙地作业，可切碎原茬，减少水分蒸发和水土流失，使土壤上松下实，耙茬作业多在土壤水分较少情况下采用，秋耙茬好于春耙茬，有利于消除垄沟和垄台的差异。耙茬深度以 14~18 厘米为宜，耙茬方式为对角耙、斜耙或横耙，以耙平耙碎为度。春耙茬时，应在土壤解冻到足够深度时进行，随耙随播，播压结合。

（一）机具准备

参加耙地作业的机具，必须是经过农机监理部门和农机管理部门技术检查验收合格的机具，须达到如下标准。

（1）机件完整齐全，安装正确，紧固可靠，梁架和杆件不应有变形、裂纹和开焊。

（2）木瓦轴瓦间隙≤3 毫米，滚动轴承间隙≤1 毫米。各耙组转动部件转动灵活，黄油嘴齐全，润滑良好。

（3）耙片不松弛，同组各耙片直径偏差≤6 毫米。前后耙片工作轨迹不重合，方轴笔直，轴帽固定可靠。

（4）耙片齐全，耙片刃口圆滑无损坏，不小于标准尺寸，刃口厚度≤1 毫米。耙片不变形，圆盘刃边线端面跳动≤5 毫米，同一耙组上各耙片相互平行，耙片间距离偏差≤10 毫米。

（5）耙片组转动自如，耙片在轴上无摆动现象，缺口耙片相邻之间错开，整串应是螺旋线装配。

（6）削土器齐全，与耙片的间隙适宜。工作边与耙片凹面的间隙为 3~8 毫米。需锁定的零部件，锁定装置齐全可靠。

（7）行走轮状态良好，行走轮直径不超过出厂标准。

（二）田间作业

秋耙茬应在作物收获后进行，封冻前结束。春耙茬在解冻达到耙深和水分适宜情况下进行，并把耙、耢、播、压作业连续在一起进行。

根据田间地表状况决定作业方法，如果田间垄形保持较好，应该先顺垄耙，再斜耙或对角耙，如果垄形较平，可以直接采用斜耙或对角耙，效果更为明显。

斜耙时，耙组沿开垡第一行程做梭形运动，直到耙完整个一面后再耙另一面。两面都耙完后，耙组一定要环绕地边耙一圈，以消除耙组回转时造成的漏耙现象。

耙地时，驾驶员一定要保证机组行驶的直线度，不许发生漏耙现象，保持重叠一个耙片行进是正常的。作业中，驾驶员发现作物残株堵塞耙组时要及时停车清理，以免造成因堵塞而拖堆。耙组工作中不许倒退，以免损坏机具。

作业中，驾驶员要保证达到规定的耙地深度，预先调整好耙组的工作角度。拖带液压升降的耙组工作时，一定要把耙的行走轮完全升起，不允许在正常工作中放下行走轮控制耙深，如果达不到要求耙深，允许在耙组上加上规定的配重。

（三）作业质量要求

（1）准确掌握耙地方法，适时耙地，在土壤水分适宜的条件下进行。

（2）耙地时，作业方向要与播种方向呈40°～45°夹角，一般不提倡顺耙。

（3）耙深耙透。中耙耙深14～16厘米，重耙耙深16～18厘米，误差为±1厘米。耙深一致，碎土良好（自然条件影响除外），耙后耕层内无大土块及空隙，每平方米耕层内最大外形尺寸≥10厘米的土块不得超过5个。耙碎残茬细碎程度以不影响播种质量为准。

(4) 耙后面要附带耢子（散墒作业除外），耙后地表平整，不拖堆，不出沟，不起楞，沿播种垂直方向在4米宽的地面上，高低差≤3厘米。

(5) 耙到头，耙到边，不漏耙，相邻作业幅的重耙量<15厘米。斜耙完毕后绕地边耙一圈，地头耙两遍。

第二节 播 种

一、种子准备

（一）选种的重要性

选择优良品种是小麦高产、优质、高效的基础。及时更新和更换良种，实行品种合理布局和搭配，搞好区域化种植，实行良种良法配套管理，都能大大提高小麦产量和质量。要因地制宜实行品种的合理布局与合理搭配。良种还必须根据当地自然条件、栽培条件、产量水平以及耕作种植制度特点进行选择。

（二）选种的原则

(1) 依据所选品种的分蘖及成穗特性进行合理密植，建立合理群体结构。

(2) 依据小麦种植地的气候特点选择适合当地安全生育的品种，并掌握适宜播种期。

(3) 依据品种需肥需水特性确定水肥管理措施。

（4）依据分蘖、幼穗发育及茎秆特性确定科学管理的时间与数量。

（三）选种的方法

为提高小麦产量，在选种时应选择发芽率高、无病害、无杂质的大而饱满、整齐一致的籽粒做种。一般大田要选用抗逆性较强的稳产品种，不要选用高水肥的品种。用精选机精选，也可以用人工筛选、风选，以除去秕籽、病粒、碎粒和草籽、泥沙等夹杂物，选出充实饱满的种子。这样的种子生活力强，出苗快，分蘖早，根系发达，麦苗茁壮。

（四）晒种

为促进种子后熟，提高出芽率，使出苗快而整齐，可在播前晒种2~3天。

（五）种子消毒

1. 变温浸种

其具体做法是先将麦种用冷水预浸4～6小时，捞出用52～55℃温水浸种1～2分钟，使种子温度达到50℃，再捞出放入56℃温水中，保持水温55℃，浸5分钟取出，用凉水冷却后晾干播种，对预防小麦散黑穗病效果很好，但必须严格控制温度和时间。

2. 恒温浸种

其具体做法是将麦种放入50~55℃热水中，立即搅拌，使水温迅速降至45℃，在此温度下浸3小时取出，冷却后晾干播种，可以有效地防治小麦散黑穗病、赤霉病、颖枯病等。

3. 石灰水浸种

其具体做法是将选好的种子浸入石灰水（水：石灰=100：1）中，使水面高出种子10~15厘米，并保持静置，不能搅动水面；浸泡时间视气温而定，在气温为20℃时浸泡3~5天，25℃时浸泡2~3天，30℃时仅需要1天。浸泡好的麦种不需用清水冲洗，摊开晾干后即可播种，对预防小麦散黑穗病、秆黑粉病、赤霉病、叶枯病等，均有良好的效果。

（六）拌种

1. 萎锈灵拌种

用萎锈灵（有效成分为75%）可湿性粉剂按种子重量的0.3%拌种，可以有效地防治小麦散黑穗病，并能兼治小麦种子上或土壤中的小麦腥黑穗病和秆黑粉病。

2. 三唑酮拌种

用三唑酮乳油（有效成分为20%）拌种，可以防治小麦散黑穗病、腥黑穗病、秆黑粉病、锈病、白粉病、纹枯病、全蚀病和根腐病等多种病害。

3. 种衣剂拌种

采用种衣剂拌种，能起到防治多种病虫害和促使幼苗健壮生长的作用。当种衣剂被包在种子上时，能迅速固化成膜，随种子播入土壤后遇水吸胀，使药或肥等物质缓慢释放。拌种时，每亩用种衣剂原液75~100克，直接倒入经过精选的麦种上搅拌均匀即可。

二、播种技术

播种技术是小麦栽培技术中的重要环节。播种质量直接关系小麦出苗、麦苗生长和麦田的群体结构，也影响其他栽培措施的实施和产量的形成。衡量播种质量的标准是苗全、苗齐、苗匀和苗壮。播种技术主要包括适期播种、合理密植和高质量播种等环节。

（一）适期播种

适期播种是使小麦苗期处于最佳的温度、光照、水分条件下，充分利用光热和水土资源，达到冬前培育壮苗的目的。确定适宜播种期的方法为：根据品种达到冬前壮苗的苗龄指标和对冬前积温的要求，初步确定理论适宜播种期，再根据品种发育特性、自然生态条件和拟采用的栽培体系的要求进一步调整，最终确定当地的适宜播种期。

1. 冬前积温

小麦冬前积温指标包括播种到出苗的积温及出苗到定蘖数的积温。据研究，播种到出苗的积温一般为120℃左右（播深在4~5厘米），出苗后冬前主茎每片叶，平均约需75℃积温。这样根据主茎叶片和分蘖产生的同伸关系，即可求出冬前达到不同苗龄与蘖数所需的总积温。一般半冬性品种冬前要达到主茎6~7片叶，春性品种冬前要达到主茎5~6片叶。如果越冬前要求单株茎数为5个，主茎叶数片为6片，则冬前总积温为：$75\times6+120=570$（℃）。得出冬前积温后，再从当地气象资料中找出昼夜平均温度稳定降到0℃的时期，由此向前推算，将逐日平均高于0℃以上温度累加达到570℃的那一天，即可定为理论上的适宜播期，这一天的前后3天，即可作为播种适期。

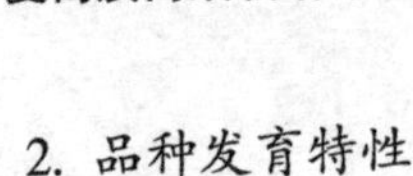

2. 品种发育特性

不同感温、感光类型品种，完成发育需要的温度和光照条件不同。播种过早不适于感温发育，只适于营养生长，造成营养生长过度或春性类型发育过快，不利于安全越冬。播种过晚有利于春化发育，不利于营养生长。一般强冬性品种宜适当早播，弱冬性品种可适当晚播。

3. 自然生态条件

小麦一生的各生育阶段，都要求相应的积温，但不同地区、不同海拔和地势的光热条件不同，达到小麦苗期所要求的积温时间也不同。一般我国随纬度与海拔的提高，积温累积时期加长，因而播种要适当提早。

4. 栽培体系及苗龄指标

不同栽培体系要求苗龄指标不同，因而播种适期也不同。精播栽培体系，依靠分蘖成穗，要求冬前以偏旺苗（主茎7~8叶）越冬，播期要早。独秆（主茎成穗为主）栽培体系要求控制分蘖，以主茎成穗（冬前主茎3~4叶），播期要晚。可见适期播种是随其他栽培因素改变而改变的相对概念。由于播种期具有严格的地区性，在理论推算的前提下，根据实践，各麦区冬小麦的适宜播期为：冬性品种一般在日平均气温16~18℃、弱冬性品种一般在14~16℃时，在9月中下旬至10月中下旬播种，在此范围内，还要根据当地的气候、土壤肥力、地形等特点进行调整。

（二）合理密植

合理密植包括确定合理的播种方式、合理的基本苗数，提出各

生育阶段合理的群体结构，实现最佳产量结构等。大量研究结果和生产实践表明，穗数是合理的群体结构与最佳产量构成的主导因素，基本苗数是取得合理穗数的基础，单株成穗是达到合理穗数重要的调控途径。而在当前大面积中低产条件下，通过播种量控制基本苗是合理密植的主要手段。

1. 确定合理播种量的方法

小麦标准化生产上通常采取“以地定产，以产定穗，以穗定苗，以苗定籽”的方法确定实际播种量，即以土壤肥力高低确定产量水平，根据计划产量和品种的穗粒重确定合理穗数，根据计划穗数和单株成穗数确定合理的基本苗数，再根据计划基本苗和品种千粒重、发芽率及田间出苗率等确定播种量，种子发芽率在种子质量的检验中确定，田间出苗率一般以80%计，根据整地质量与墒情在70%~90%范围内调整。实际播种量可按下式计算。

$$播种量（千克/公顷）=\frac{每公顷计划基本苗（万）\times 千粒重（克）}{发芽率（\%）\times 种子净度（\%）\times 田间出苗率（\%）\times 10^6}$$

2. 影响播种量的因素

在初步确定理论播种量的基础上，实际播种量还要根据当地生产条件、品种特性、播期早晚和栽培体系类型等情况进行调整。调整播种量时掌握的原则是：土壤肥力很低时，播种量应低些，随着肥力的提高，应适当增加播种量；当肥力达到一定水平时，则应相对减少播种量。对生长期长、分蘖力强的品种，在水肥条件较好的条件下可适当减少播种量；对春性强、生长期短、分蘖力弱的品种可适当增加播种量。大穗型品种宜稀，多穗型品种宜密。播种期早晚直接决定冬前有效积温多少，播种量应为早稀晚密。不同栽培体系中，精播栽培要求苗数少，播量低，独秆栽培由于播种晚，因其

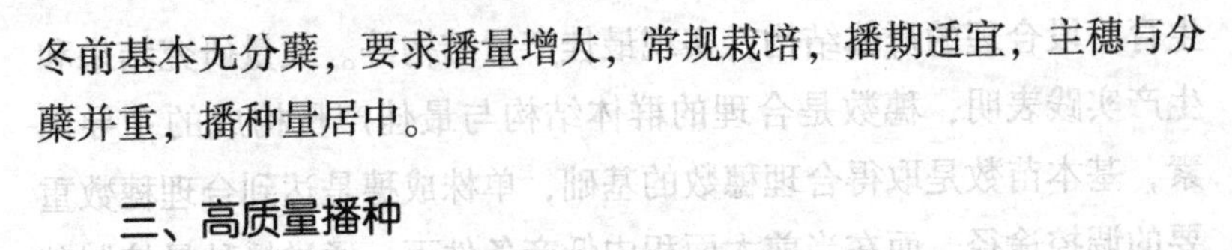

冬前基本无分蘖，要求播量增大，常规栽培，播期适宜，主穗与分蘖并重，播种量居中。

三、高质量播种

在精细整地、合理施肥（有时包括灌水）、选择良种、适时播种和合理密植等一系列技术措施的基础上，要实现小麦高质量播种，必须创造适宜的土壤墒情，还要采用机械化播种，并选用适当的播种方式，才能够保证下籽均匀，深度适宜、深浅一致，覆土良好，达到苗全、苗齐、苗匀和苗壮的标准，避免出现“露籽、丛籽、深籽”现象。播种深度一般以3~5厘米为宜，在遇土壤干旱时，可适当增加播种深度，土壤水分过多时，可适当浅播。要防止播种过深或过浅，如果播种太深，幼苗出土消耗养分太多，地中茎过长，出苗迟，麦苗生长弱，影响分蘖和次生根发生，甚至出苗率低，无分蘖和次生根，越冬死苗率高；播种太浅，会使种子落干，不利于根系发育，影响出苗，丛生小蘖，分蘖节入土浅，越冬易受冻害。土壤肥力较好的高产农田，一般适宜精量或半精量播种，播种方式多采用等行距条播，行距为20~25厘米。也可根据套种要求实行宽窄行播种，或在旱作栽培中进行沟播、覆盖穴播、条播。可通过精量或半精量播种降低基本苗，促进个体健壮生长，培育壮苗，协调群体和个体的关系，提高群体质量，实现壮秆大穗。

第三节　水肥管理

一、施肥

（一）小麦必需的营养元素

迄今为止，已确认的作物必需的营养元素有16种，它们是碳

(C)、氢(H)、氧(O)、氮(N)、磷(P)、钾(K)、钙(Ca)、镁(Mg)、硫(S)、铁(Fe)、硼(B)、锰(Mn)、铜(Cu)、锌(Zn)、钼(Mo)和氯(Cl)。根据它们在植物体内含量不同，前6种是作物需要量相对较大的，称为大量元素；钙、镁、硫3种元素，作物需要量中等，称为中量元素；后7种是作物需要量极微的，稍多会发生毒害，故称为微量元素。尽管作物对这些养分的吸收量各不相同，但它们在作物生长发育中都有其独特的作用，相互之间不可替代，同等重要。

小麦必需的营养元素有碳、氢、氧、氮、磷、钾、硫、钙、镁，微量元素有铁、硼、锌、铜、钼、锰等。小麦一生积累的干物质中，大量营养元素碳、氧、氢共占95%左右；氮和钾各占1%以上；钙、镁、磷、硫各占0.1%以上。微量元素中氯、硼、锰、锌、铜等均在6毫克/千克以上。其中，碳、氧、氢主要来自空气和水，其他元素主要靠根系从土壤中吸收。

氮、磷、钾是经常亏缺的三要素，其他元素因需要量较少，除特殊土壤外一般不缺。但是，由于三要素施用量增加和产量提高，现在部分土壤缺锌，其次是缺硼和锰。

(二) 小麦营养诊断

矿质营养分析与诊断技术是准确施肥的前提。通过对植物进行营养诊断来跟踪植物营养的亏缺与否，了解其需肥的关键时期，从而指导人们适时适量地追施肥料，满足其最佳生长需要，以实现生产施肥按需进行，最终达到经济环保的目的。营养诊断是手段，施肥是目的，所以这一方法的关键是营养诊断。就诊断对象而言，可分为土壤诊断和植株诊断两种；就诊断的方法而言，可以分为形态诊断、化学诊断、叶色诊断、生物培养诊断、酶学诊断、施肥诊断等多种。通过判断营养元素的缺乏或过剩而引起的失调症状，以决定是否追肥或采取补救措施；还可以通过营养诊断查明土壤中各种养分的贮量和供应能力，为制订施肥方案、确定施肥种类、施肥量、施肥时期等提供参考。

1. 小麦氮素失调症及其防治方法

(1) 小麦氮素失调症。麦苗的生长发育需要大量氮素营养。早期氮素不足时，植株生长不良，茎秆矮小，分蘖少，幼苗细弱，叶窄而短，似“马耳形”；叶色变淡，呈浅绿或黄绿，色泽均一，叶尖干枯，并逐渐向上部叶片发展，下部老叶提早枯死。后期缺氮，根系生长差，次生根少而细，光合作用低，发育提前、早熟，穗小，粒重下降，严重影响产量，植株早衰。

氮素过多会使小麦叶片肥大，相互遮阴，碳水化合物消耗过多，茎秆柔弱，纤维素和木质素减少，易倒伏，组织柔嫩，抗病虫能力下降。另外，氮肥使用过多会使作物贪青晚熟，产量和品质下降，影响下茬作物的播种。

(2) 防治方法。首先，施用充分腐熟的有机肥；其次，根据土壤养分含量，施用配制的小麦专用肥。应急措施为每亩追施人粪尿 700~800 千克或硫酸铵 15~20 千克，也可喷施 1.5%~2%尿素水溶液 2~3 次，每次间隔 7~10 天。也可每亩用尿素 1.5~2 千克，或用硫酸铵 4~5 千克，拌 10 千克麦种，随拌随种。

2. 小麦磷素失调症及其防治方法

(1) 小麦磷素失调症。小麦是对磷敏感的作物，磷素缺乏常使小麦根系受抑制，根老化成铁锈色，形状像不伸展的“鸡爪”，称为“小老苗”。缺磷的小麦生长缓慢，植株矮小，分蘖减少甚至不分蘖，次生根数极少。茎叶狭细，叶色灰暗，带紫色或紫红色，无光泽，叶鞘尤为明显。前期生长停滞，出现缩苗。冬前返青期叶

尖紫红色，成熟延迟，籽粒少而不饱满，品质变劣，产量下降。小麦苗期叶鞘上紫色特别明显，症状从叶尖向基部，从老叶向幼叶发展。抗寒力降低，易遭冻害，冬季死苗率增加。

磷肥施用过量造成小麦的无效分蘖和瘪粒增加；叶片肥厚而密集，叶色浓绿，植株矮小，节间过短；出现生长明显受抑制的症状。繁殖器官常因磷肥过量而加速成熟进程，由此造成营养体小，茎叶生长受抑制，产量低。常有缺铁、锌、镁等失绿症状表现出来。

（2）防治方法。有机质含量少、基肥不足的土壤易缺磷。小麦苗期缺磷，每亩可沟施过磷酸钙 50 千克，或磷酸一铵 12 千克左右。小麦起身后缺磷，除追施过磷酸钙或磷酸一铵外，也可通过叶面喷施补充。每亩喷施 1%～2%过磷酸钙澄清液或 0.3%磷酸二氢钾水溶液，每次间隔 7～10 天，连喷 2～3 次。

3. 小麦钾素失调症及其防治方法

（1）小麦钾素失调症。小麦钾素不足时，植株呈蓝绿色，叶片软弱下披，光合能力弱；植株生长缓慢，机械组织和输导组织发育不好，下部叶片早期干枯，茎秆矮，易倒伏；根系生长不良，抽穗及成熟显著提早，灌浆不正常，穗小、粒小、品质差、产量低。缺钾时下部的叶尖首先变黄，继而向叶边缘扩展，叶缘呈黄褐色，最后整个叶子变成黄褐色、干焦、枯死，严重时新叶片也出现同样症状。

土壤中钾过剩时，抑制了作物对镁、钙的吸收，出现镁、钙缺乏症。

（2）防治方法。一般在红壤土、黄壤土上容易缺钾，而现在在华北平原麦田也出现了不少缺钾的地块，尤其是沙壤土较明显。在小麦苗期，每亩追施硫酸钾或氯化钾 7～10 千克，或用草木灰

200千克，可有效补充土壤钾素。也可在小麦生长中后期，叶面喷施1%硫酸钾或氯化钾，或用0.3%磷酸二氢钾水溶液，或用10%草木灰浸出液，喷2~3次，每次间隔7~10天。

4. 小麦钙素失调症及其防治方法

（1）小麦钙素失调症。麦苗缺钙，植株生长点及茎尖端死亡，幼叶卷曲干枯，功能叶叶间及叶缘黄萎。植株矮小或呈簇生状，未老先衰，幼叶往往不能展开，幼苗死亡率高，长出的叶片常出现缺绿现象。根系发育不良，呈黄褐色，分枝多。最明显特征是根尖分泌球状透明黏液。

作物一般不出现钙过剩症，但大量施用石灰则会抑制作物对镁、钾和磷的吸收。pH值高时，锰、硼、铁等元素的溶解性降低，助长这些元素缺乏症的出现。

（2）防治方法。缺钙麦田每亩撒施生石灰40~60千克，或叶面喷施氯化钙水溶液或1%过磷酸钙浸出液，每7~10天喷1次，连续喷2~3次，效果显著。

5. 小麦镁素失调症及其防治方法

（1）小麦镁素失调症。小麦缺镁一般发生在回春转暖的拔节前后，田间表现为“黄化”。主要症状为：叶片呈灰绿色，中下部叶片叶缘组织逐渐失绿变黄，叶脉间形成缺绿的条纹或整个叶片发白，残留小绿斑相连成串排列，呈念珠状，但叶脉仍呈现绿色，叶缘向上或向下卷曲，后期叶片枯萎。一般下部叶片先出现症状，然后逐渐蔓延到上部叶片，开花也受到抑制，发育迟缓，产量低。

在富钾土壤中，钾和镁之间存在拮抗作用，随着大量施入钾肥，土壤中镁（Mg）/钾（K）比值的变化将引起镁的缺乏。另外，土壤中镁（Mg）/钙（Ca）比值较高时，作物生长会受到

阻碍。

（2）防治方法。小麦缺镁时一般可用0.3%硫酸镁水溶液叶面喷施。

6. 小麦硫素失调症及其防治方法

（1）小麦硫素失调症。小麦缺硫时，新叶失绿黄化，叶脉间组织失绿更为明显，但条纹不及缺镁症清晰，中下部老叶仍保持绿色；分蘖减少，且长势较弱，呈直立状；严重时叶片出现褐色斑点，整体生长缓慢，瘦弱矮小；成熟推迟，产量降低。

（2）防治方法。增施有机肥料，提高土壤的供硫能力。合理选用含硫化肥，如硫酸铵、过磷酸钙、硫酸钾等。也可适当施用硫黄及石膏等硫肥。

7. 小麦铁素失调症及其防治方法

（1）小麦铁素失调症。植物缺铁总是从幼叶开始，典型的症状是：在叶片的叶脉间和细网状组织中，出现失绿症，在叶片上明显可见叶脉深绿而脉间黄化，黄绿相间比较明显。如长期或极度缺铁，上部叶片可全部变黄白色，叶尖、叶缘也会逐渐枯萎并向内扩展，但较老的叶子仍保持正常的绿色。

大量向土壤中施入含铁物质，会增大土壤磷酸的固定，从而降低磷的肥效和作物对磷的吸收。

（2）防治方法。一般通气良好的石灰性土壤容易缺铁。缺铁时可用0.2%硫酸亚铁喷洒叶面，每7~10天喷1次，连续喷2~3次。

8. 小麦锰素失调症及其防治方法

（1）小麦锰素失调症。小麦对缺锰较为敏感，缺锰症在苗期即可出现。主要表现为叶色褪淡、植株黄化，生长发育停滞，分蘖减少；上位叶脉间失绿，叶脉仍保持绿色，形成条纹花叶；失绿的脉间部位还会产生褐色斑点，扩展后连接成线条状，俗称“褐线黄萎病”。缺锰症急速发生时可出现白色浸渍状（烫伤状）坏死斑。严重时，叶片明显变薄，叶片中部易发生扭曲，上半叶下垂，株形披散，田间群体景观纷乱。小麦缺锰症状与缺钼症状类似，不同的是缺锰时，病斑发生在叶片中部，病叶干枯后使叶片卷曲或折断下垂，而叶前部基本完整。

小麦锰过剩，根变褐，叶片出现褐斑，或叶缘部出现白色斑点等。

（2）防治方法。一般石灰性土壤，尤其是质地轻、有机质含量少、通透性良好的土壤易缺锰。防止作物缺锰可每亩追施硫酸锰1千克，或用0.1%~0.3%硫酸锰叶面喷施2~3次，也可用硫酸锰40~80克拌种。

9. 小麦铜素失调症及其防治方法

（1）小麦铜素失调症。麦类作物对铜最为敏感。缺铜症出现较早时，拔节期叶片前端黄化，分蘖枯萎死亡，甚至发展为群体干枯绝收；孕穗期旗叶褪淡黄化，叶型变小，叶片变薄下披或叶身中后部失绿白化，上位叶枯白、干卷呈纸捻状。抽穗后空壳不实，成熟期褪绿延迟，呈现出黄绿斑驳相间的田间景象。铜中毒的症状是新叶失绿，老叶坏死，叶柄和叶背面出现紫红色。

小麦铜过剩，主根的伸长受阻，分枝根短小；体色变深、僵化，下叶发黄，根盘曲，明显抑制铁的吸收。

（2）防治方法。缺铜时，可用0.01%~0.05%硫酸铜溶液，浸种24小时；或每千克种子用1克硫酸铜加少量水，均匀喷于种子上，阴干播种。

10. 小麦锌素失调症及其防治方法

(1) 小麦锌素失调症。小麦生长期间缺锌时，节间缩短，叶小簇生，叶缘呈皱缩状，脉间失绿发白，呈黄、白、绿三色相间的条纹带，出现成片的白苗、黄化苗，严重时，出现僵苗死苗，且推迟抽穗、扬花，花不齐，小穗、小花松散，有效穗数明显减少，穗小粒少。

小麦锌过剩，新叶发生黄化，叶尖出现褐色斑。

(2) 防治方法。一般中性、微碱性土壤易缺锌。防止小麦缺锌可每亩追施硫酸锌 1 千克，一般 3~5 年施用 1 次。或用 0.2%硫酸锌，每隔 5~7 天喷 1 次，连续喷施 2~3 次。也可每亩用硫酸锌 40~60 克拌种，或在 0.02%~0.05%硫酸锌溶液中，浸泡麦种 24 小时，捞出晾干播种。

11. 小麦硼素失调症及其防治方法

(1) 小麦硼素失调症。小麦缺硼时，节间伸长延缓或不伸长，植株矮小，根变粗，细根少，生长不良；幼嫩叶片的叶脉间出现不规则白色斑点，继而连成白色条纹；抽穗后不结实而成“亮穗”，内、外颖张开，芒的开张度也增大；子房畸形，横向膨大，挤开内外颖；花粉败育，不饱满；穗颈节矮缩而呈矮化状，整穗或半穗以上不实，空壳率高，减产严重。

硼过量，叶缘黄化，变褐，叶片散生大量棕褐色斑点。施用容许范围窄的微量元素，易发生过剩症。

(2) 防治方法。碱性较大的石灰性土壤上易缺硼。一般每亩用 0.25~0.75 千克硼砂与细干土混匀后施用。也可在孕穗—抽穗期采用 0.1%~0.2%硼砂溶液叶面喷施，每 7~10 天 1 次，连续喷 2~3 次。

12. 小麦钼素失调症及其防治方法

（1）小麦钼素失调症。小麦缺钼主要表现为上位叶叶片失绿黄化，叶尖干枯。先从老叶的叶尖开始，向叶边缘发展，再由叶缘向内扩散。先是斑点，然后连成线和片，严重者黄化部分变褐，最后死亡。

小麦一般不发生钼过剩症，发生过剩时的症状为叶片失绿。

（2）防治方法。一般中性和石灰性土壤，尤其是质地较轻的沙性土有效钼含量低。防止缺钼可喷施0.05%钼酸铵溶液1~2次，间隔7~10天，也可每亩用钼酸铵20~30克拌种。

13. 小麦氯素失调症及其防治方法

（1）小麦氯素失调症。小麦缺氯会出现生理性叶斑病，类似于缺锰时的失绿，有时叶片呈青铜色，缺氯严重时导致根和茎部病害全株萎蔫。

（2）防治方法。基施氯化钾或氯化铵，也可作追肥，但应避开作物幼苗的氯敏感期。

（三）掌握小麦营养特点

小麦全生育期中对氮的吸收为均衡型，磷为后重型，钾为中重型。

施肥的目的就是要协调土壤供肥与需肥之间的矛盾，保证土壤能连续不断地提供小麦生长发育各阶段所需要的养分。

随着生育进程中干物质积累量的增加，氮、磷、钾吸收总量也相应增加。苗期对养分的需求十分敏感，三叶期是需磷的临界期，充足的氮能使苗提早分蘖，促进叶片和根系生长，磷素和钾素营养能促进根系发育，提高小麦抗寒和抗旱能力。但此期麦苗较小，

氮、磷、钾吸收量较少。起身以后，植株迅速生长，养分需求量也急剧增加；拔节至孕穗期小麦对氮、磷、钾的吸收达到一生的高峰期。其中，对磷的吸收在开花后有第二次高峰；对氮的吸收孕穗期后强度减弱，成熟期达到最大累积量；对钾的吸收到抽穗期达到最大累积量，其后钾的吸收出现负值。

不同生育时期营养元素吸收后的积累分配，主要随生长中心的转移面变化。苗期营养元素主要用于分蘖和叶片等营养器官（小麦包括幼穗）的建成，拔节至开花期主要用于茎秆和分化中的幼穗，开花以后则主要流向籽粒。

小麦开花后根系的吸收能力减弱，植株体内的养分能进行转化和再分配，但后期可通过叶面喷肥供给适量的磷、钾肥，以促进植株体内的含氮有机物和糖向籽粒转移，提高千粒重。

（四）测土配方施肥技术

小麦测土配方施肥技术是以土壤测试和肥料田间试验为基础的一项肥料运筹技术。主要是根据实现小麦目标产量的总需肥量、不同生育时期的需肥规律和肥料效应，在合理施用有机肥的基础上，提出肥料（主要是氮、磷、钾肥）的施用量、施肥时期和施用方法。

根据研究，每生产100千克籽粒，小麦植株需吸收纯氮3.1千克、磷1.1千克、钾3.2千克左右，三者比例为2.8∶1.0∶2.9，随着产量水平的提高，小麦氮、磷、钾的吸收总量相应增加。

在小麦生育进程中，小麦干物质积累量不断增加，小麦氮、磷、钾吸收总量也随之增加，冬小麦起身以前麦苗较小，氮、磷、钾吸收量较小，拔节期植株开始旺盛生长，拔节期至成熟期，植株吸氮量占全生育期的56%，磷占70%，钾占60%左右。小麦吸收的氮素，约有2/3来自土壤，1/3来自当季肥料。所以，小麦目标

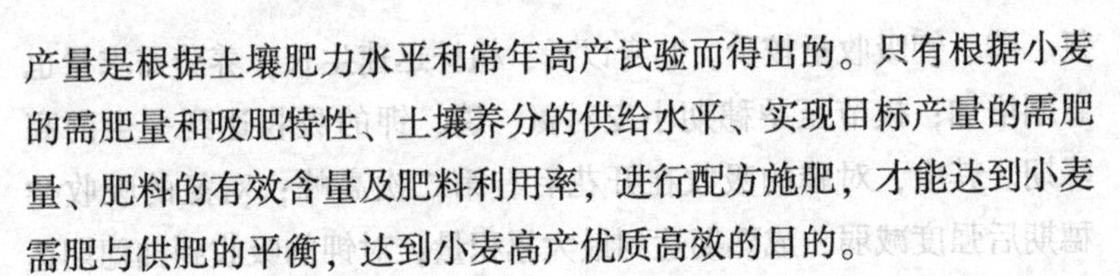

产量是根据土壤肥力水平和常年高产试验而得出的。只有根据小麦的需肥量和吸肥特性、土壤养分的供给水平、实现目标产量的需肥量、肥料的有效含量及肥料利用率，进行配方施肥，才能达到小麦需肥与供肥的平衡，达到小麦高产优质高效的目的。

（五）合理施肥的基本原则

1. 因土施肥

作物生长发育同时需要多种养分，作物生长以及产量水平受最小养分限制，随着最小养分的变化而变化，这个规律就是最小养分律。土壤是植物获取营养的养分库，但不同土壤所含营养元素的数量和比例不同，与作物对养分的需求有一定的差距，而且这种满足程度因不同土壤而不同，合理施肥就是因缺补缺，以满足作物正常生长发育和高产需要。

2. 有机无机相结合

有机肥有机质含量丰富，供肥稳定持久，化肥养分单纯，含量较高，供肥较快，两者结合，缓急相济，互为补充。增施有机肥，实行秸秆还田，能明显增加土壤 CO_2 释放量，提高小麦田冠层内的 CO_2 浓度，越是生育后期对群体光合作用的贡献也越大。另外，有机肥中的有机物质能够改良土壤结构，提高土壤的保肥、保水能力，增加土壤微生物的数量，为作物根系生长创造良好条件，从而提高作物抵抗外界不良环境的能力，因此，有机肥无机肥相结合被视为最基本的合理施肥原则。

3. 基肥为主，追肥为辅

“麦收胎里富，基肥是基础”。根据高产单位的经验，基肥的

施用量一般占总施肥量的60%~80%，追肥占20%~40%。基肥的施用，应掌握以粗为主，粗细结合，氮、磷、钾结合，上下结合，迟速效结合的原则。在小麦播种时，用少量化肥作种肥，可以保证小麦出苗后及时吸收到养分，对增加小麦冬前分蘖和次生根的生长有良好作用。

4. 基肥分层施，化肥深施

基肥分层施要做到上粗（肥）下细（肥），既有利于改良土壤，又能保证小麦不同生育期对养分的需要。化肥作追肥时，以深施5~10厘米较好。

5. 因地制宜，看苗追肥

施肥是通过土壤供给植物养分的。土壤性质不同，施肥方法和施肥量都应有所区别。沙土地保水肥性差，施肥要少量多次，防止脱肥早衰；黏土地保肥性强，一次可追肥量大些，但施肥期要适当提前，防止贪青晚熟；低中产区化肥不足时，应将有限的化肥一次施在最大效应期（冬小麦为起身拔节期，春麦应提前到三叶期前后）；而高产区化肥较多时，追肥要根据苗情而定。

（六）施肥时期与方法

1. 底肥

在播种前结合整地施入的肥料叫底肥（或基肥）。底肥的施用方法有撒施法、条施法、穴施法和分层施肥法等。底肥的种类应以有机肥为主、化肥为辅，氮、磷、钾配合，分层或集中施入。底肥施用量应根据土质、土壤肥力、产量水平、茬口、肥料种类与质量等条件而定。一般亩施粗肥（有机肥）3 000~5 000千克，标准氮肥（硫酸铵）20~30 千克，过磷酸钙 30~50 千克。对缺锌土壤（临界值为 0.5 毫克/千克），每亩施用硫酸锌 1~1.5 千克，用 10 千克细土面混合均匀撒向地面后再翻入下层。

2. 种肥

播种时与种子同时播下，或施在播种沟内的速效化肥或半速效优质有机肥叫种肥。种肥的施用方法主要有拌种、浸种、盖种、条施、穴施、蘸根等。种肥的施用量不宜过大。种肥靠近种子且集中，肥效快而高，是给小麦补充速效氮、磷营养的一种较好的方式。据研究，每亩用 2.5~4.0 千克标准化肥作种肥，每千克化肥可增产小麦 5 千克左右。需要指出的是，碳酸氢铵易灼烧种子、幼芽，硝酸铵影响种子萌发和幼苗生长，氯化铵对幼芽有伤害，所以，这些肥料均不可作种肥。种肥的用量随肥料种类及施入方式的不同而异：标准化肥与种子混播时，每亩施 3~4 千克；尿素混播时每亩施 1.5~2.0 千克；过磷酸钙混播时每亩施 2.5~5.0 千克，沟施时施 15 千克等。

3. 追肥

小麦生育期间，根据苗情而追加施用的肥料叫追肥。追肥一般多以速效性化肥为主，腐熟良好的有机肥也可用作追肥。追肥的种类和用量可根据底肥用量、作物营养特性、土壤肥力高低等情况具体确定。高产麦田主要以氮肥为主。小麦追肥又可分为冬前追肥和春季追肥，二者的比例应视苗情和栽培技术水平而定：冬前苗弱，冬前追肥量可多一些；中、低产田，冬、春追肥比例以 7∶3 为宜，高产田冬前追肥量要少于春季追肥量或只进行春季追肥。追肥的方法主要有撒施结合浇水、条施、穴施、随水灌施、根外追肥等。

(1) 冬前追肥。一是分蘖肥（苗肥），即在播种后 1 个月左右

（当小麦开始分蘖以后），为促进冬前分蘖的发生和巩固早生低位蘖，在氮肥施用较少的情况下，可每亩追施标准化肥 10~15 千克。二是腊肥（越冬期间施用的肥料），即亩用 2~3 千克标准化肥掺入牲畜粪便中撒施田间。土壤肥沃、底肥充足的高产田可不追腊肥。

（2）春季追肥。一是返青肥，返青肥可促进生长后分蘖，巩固冬前分蘖，为穗多奠定基础，为幼穗的正常分化发育创造条件。一般在返青时亩施标准化肥 10~15 千克（弱苗），一类、二类苗可少施或不施。二是起身拔节肥，施用该肥能显著提高分蘖成穗率，巩固穗数，促进小花分化，减少不孕小穗和退化小花的数目，增加穗粒数。壮苗在起身时施用，旺苗在拔节后施用，亩用量为标准化肥 10~15 千克。三是挑旗肥（孕穗肥），如果以上所施肥料过早用尽，到旗叶露尖前后，叶色转淡，叶窄而尖，植株有早衰迹象时，每亩可补施标准化肥 5 千克左右。四是后期根外喷肥。挑旗—灌浆初期叶面喷洒氮、磷、钾肥，可以明显提高千粒重。一般亩喷肥液 50~75 千克，尿素、标肥、过磷酸钙的浓度为 1%~2%，磷酸二氢钾为 0.2%，草木灰为 5%。

二、灌溉

（一）小麦的需水规律

小麦的需水规律与气候条件、冬麦和春麦类型、栽培管理水平及产量高低有密切关系。其特点表现在阶段总耗水量、日耗水量（耗水强度）及耗水模系数（各生育时期耗水占总耗水量的百分数）方面。冬小麦出苗后，随着气温降低，日耗水量也逐渐下降，播种至越冬，耗水量占全生育期的 15%左右。入冬后，生理活动缓慢、气温降低，耗水量进一步减少，越冬至返青阶段耗水量只占总耗水量的 6%~8%，耗水强度在 10 米^3/（公顷·天）左右，黄河以北地区更低。返青以后，随着气温的升高，小麦生长发育加快，耗水量随之增加，耗水强度可达20米^3/（公顷·天）。小麦拔节以前温度低，植株小，耗水量少，耗水强度在10~20米^3/（公顷·天），棵间蒸发占总耗水量的30%~60%，150余天的生育期内（占全生育期的2/3左右），耗水量只占全生育期的30%~40%。拔节以后，小麦进入旺盛生长期，耗水量急剧增加，并由棵间蒸发转为植株蒸腾为主，植株蒸腾占总耗水量的90%以上，耗水强度达40米^3/（公顷·天）以上，拔节到抽穗1个月左右时间内，耗水量占全生育期的25%~30%，抽穗前后，小麦茎叶迅速伸展，绿色面积和耗水强度均达一生最大值，一般耗水强度45米^3/（公顷·天）以上，抽穗至成熟在35~40天内，耗水量占全生育期的35%~40%。

（二）小麦的灌溉技术

小麦生育期间降水量只占全年降水量的25%~40%，仅能满足小麦全生育期耗水量的1/5~1/3，尤其在小麦拔节至灌浆中后期的耗水高峰期，正值春旱缺雨季节，土壤贮水消耗大。因此，小麦整个生育期间土壤水分含量变异大，灌水与降水效应显著，小麦生育期间的灌溉是十分必需的。麦田灌溉技术主要涉及灌水量、灌溉时期和灌溉方式。小麦灌水量与灌溉时期主要根据小麦需水、土壤墒情、气候、苗情等来定。

灌水总量按水分平衡法来确定，即灌水总量=小麦一生耗水量-播前土壤贮水量-生育期降水量+收获期土壤贮水量

灌溉时期根据小麦不同生育时期对土壤水分的不同要求来掌握。一般出苗至返青阶段，要求在田间最大持水量的75%~80%，低于55%则出苗困难，低于35%则不能出苗。拔节至抽穗阶段，营养生长与生殖生长同时进行，器官大量形成，气温上升较快，对

水分反应极为敏感，该期适宜的田间持水量为70%～90%，低于60%时会引起分蘖成穗与穗粒数的下降，对产量影响很大。开花至成熟期，宜保持土壤水分不低于70%，有利于灌浆增重，低于70%易造成干旱逼熟，导致粒重降低。为了维持土壤的适宜水分，应及时灌水，一般生产中常年补充灌溉4～5次（底墒水、越冬水、拔节水、孕穗水、灌浆水），每次每公顷灌水量600～750米^3。一般灌溉方式均采用节水灌溉，节水灌溉是在最大限度地利用自然降水资源的条件下，实行关键期定额补充灌溉。根据各地试验，一般越冬水和孕穗水最为关键。另外，在水源奇缺的地区，应采用喷灌、滴灌、地膜覆盖管灌等技术，节水效果更好。

第四节　化学调控

合理应用植物生长调节剂对小麦进行化学调控，是夺取小麦优质高产的一条有效措施。

一、多效唑

在小麦上使用，可抑制小麦徒长，矮化株型，增产达10%左右。

使用方法：每亩用15%多效唑可湿性粉剂50克，加水50千克稀释配成浓度为150毫克/千克的溶液，在小麦拔节期均匀喷施，不重喷也不漏喷。

二、矮壮素

对小麦防倒伏作用明显。

使用方法：在小麦拔节期连续喷洒浓度为0.3%矮壮素溶液2次，间隔10天左右1次，每次每亩喷药液50千克左右。

三、助壮素或缩节胺

在小麦拔节期使用，可控旺促壮，防止倒伏效果好；在扬花期使用，可提高结实率和加速灌浆，促使小麦穗大粒多，使成熟期提早2~3天。

使用方法：在小麦起身时，每亩用助壮素水剂15~20毫升或缩节胺粉剂3.5~5克，加水40~50千克稀释后喷施；在扬花期，亩用助壮素8~12毫升或缩节胺2~2.5克，加水40~50千克稀释后再加磷酸二氢钾150克，混合喷布于植株中上部。

四、赤霉素（920）

在小麦上使用，可加速灌浆，促进成熟，提高结实率，并使千粒重增加8%，增产效果好。

使用方法：在小麦初花期，每亩用920粉剂1克或水剂1毫升，加水40~50千克稀释后喷于穗部。若为粉剂，则先用少量酒精或高度白酒将其溶解，然后再加水稀释。

五、亚硫酸氢钠

在小麦上使用，可促进小麦籽粒灌浆与成熟，增加实粒和千粒重，增产在10%以上。

使用方法：在小麦孕穗期至灌浆期各喷1次，每次每亩用亚硫酸氢钠10克，加水50千克稀释后喷洒。最好选择阴天或晴天下午阳光不太强烈时喷用。

六、三十烷醇

在小麦上使用，增产在10%以上。

使用方法：在齐穗期和扬花期各喷1次浓度为0.5毫克/千克

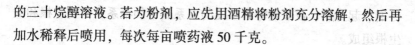

的三十烷醇溶液。若为粉剂，应先用酒精将粉剂充分溶解，然后再加水稀释后喷用，每次每亩喷药液 50 千克。

七、802

能增强小麦叶片的光合作用，提高抗旱、抗病能力，延缓植株衰老，增强后劲，增加实粒和结实率，增产 15%左右。

使用方法：在小麦孕穗至灌浆期，用 2 000~3 000 倍的 802 溶液连续喷洒 2~3 次，7~10 天 1 次，每次每亩喷溶液 50 千克。

第五节　田间管理

一、苗期生产管理

小麦前期也叫苗期，一般是指小麦出苗到起身期这段时间。苗期是以长叶、长根、长蘖的营养生长为中心。一般情况下，出苗后半个月左右开始发生分蘖，11 月上中旬进入分蘖第一盛期；初生根不断伸长，并发生分枝，次生根随分蘖发生而发生；茎节分化完毕，但不伸长；近根叶数目不断增多，单株叶面积逐渐增大，植株体迅速壮大。到起身期，分蘖几乎全部出现，此期是决定单位面积穗数的重要时期，尤其是冬前分蘖成穗率高，是决定穗数的关键时期。

（一）播种后苗情观察

1. 根的观察

主要观察初生根和次生根条数、入土深度及形态特征。记录其条数和入土深度。观察时期分为：第一叶展开期、三叶期、越冬期、起身期、拔节期等。小麦的根系属于须根系，由初生根和次生根组成。

2. 叶的观察

主要观察叶的组成、大小、颜色及变化、群体叶面积系数等。

3. 分蘖规律的观察

分蘖即小麦的分枝，它是小麦的重要特性之一。分蘖是看苗管理的重要指标。生产上可根据分蘖多少、叶蘖发生的相关性等，及早区别出壮、弱、旺3种苗情，以便分类管理。

（二）冬前管理措施

1. 查苗补种

在麦苗出土后，要及时查苗，如发现有漏播和缺苗（一行内10厘米左右无苗的）、断垄（一行内15厘米以上无苗的）的应立即补播同一品种种子。补播用的种子最好先浸泡4~6小时。补播应在出苗后10天内完成，最晚不能超过三叶期。经过补种仍有缺苗断垄的地段，到分蘖期可移苗补栽以保证全苗。补栽时，2~3株1墩，补栽深度以“上不压心，下不露白”为宜，并施少量速效氮肥，浇少量水，随后封土压实。播种后如遇雨会造成地面板结，影响出苗，要及时耙地破除板结。

2. 因苗管理

（1）壮苗管理。对壮苗应以保为主，即合理运筹水肥（偏心肥）及中耕等措施，以防止其转弱或转旺。但对不同的壮苗应当采取不同的管理措施：对肥力基础稍差，但由于底墒充足而形成的

壮苗，可趁墒追施少量速效肥料，以防麦苗脱肥变黄，保证麦苗一壮到底；对肥力、墒情都不足，但由于做到了适期播种而形成的壮苗，应及早施肥浇水，以防其由壮变弱；对底墒底肥充足，且做到了适期播种而形成的壮苗，冬前一般可不施肥，但要进行中耕，如出苗后长期干旱，可普浇一次分蘖盘根水，如麦苗长势不匀，结合浇分蘖水可点片施些速效肥料，如土壤不实（抢耕抢种），可浇水以踏实土壤或进行碾压。

（2）旺苗管理。旺苗的成因一般有两种。

①由于土壤肥力高、底肥用量大、墒足，且播种过早而形成的旺苗。这类旺苗冬前主茎叶超过 7 片，上下叶耳间距都在 1.5 厘米以上，叶片肥大，叶色青；11 月下旬亩总茎数达到或超过适宜指标。冬季低温来临，主茎和大分蘖往往冻死，春季反而形成弱苗。对这类麦苗要促控结合，即采取镇压与施肥浇水等措施，争取麦苗由旺转壮。

②由于土壤肥力高、底肥施用量大、播种量过多而形成的旺苗。这类麦苗群体大，冬前亩总茎数 80 万以上，叶大色绿，但主茎第一节间尚未伸长。冬季虽不会遭受冻害，但大群体往往导致后期倒伏。针对这类麦苗，管理措施是控制水肥供应，结合深中耕（深 6~7 厘米）进行石磙碾压，以抑制主茎和大分蘖旺长，减少小蘖滋生，或喷施 100 毫克/千克的多效唑控旺。

（3）弱苗管理。要根据具体情况，因地制宜地加强田间管理，尤其是水肥（冬追肥）管理，争取使麦苗由弱转壮。

①晚播弱苗，冬前只宜浅中耕以松土、增温、保墒，而不宜施肥浇水，以免地温降低，影响幼苗生长。

②下湿地弱苗，应加强中耕松土和田间排水工作，以散墒通气。

③整地粗放造成的弱苗，麦苗根系发育不良，生长缓慢或停

止，应采取镇压、浇水、浇水后浅中耕等措施来补救。

④播种过深造成的弱苗，麦苗瘦弱，叶片细长或迟迟不出，应采用镇压和浅中耕等措施以提墒保墒，或用竹耙扒去表土，使分蘖节的覆土深度变浅，从而保证幼苗健壮生长。

⑤盐碱地弱苗，土壤溶液浓度较高，形成生理干旱，麦苗瘦弱，应及早灌水压盐（碱），并于灌后勤中耕以防盐（碱）回升。

⑥底肥不足造成的弱苗，缺氮时叶窄、色淡，缺磷时苗小、叶黄（叶尖紫）、根系不发达，应在灌水之后趁墒追施氮、磷等速效化肥。

⑦有机肥未腐熟或种肥过多造成的弱苗，幼苗（或种子）灼伤，甚至死亡，应采取及时浇水，并于浇水后及时中耕松土的措施来补救。

⑧遭受病虫为害的弱苗，应积极防治病虫害。

一般施足底肥、种肥并浇过底墒水的，越冬前不施水肥。但对因抢墒播种造成出苗不齐或弱苗的，可在三叶期后浇小水。对因未施速效底肥造成弱苗的，可以结合浇水施少量速效肥。黏重土壤播种时水分不适宜，以致因坷垃影响出苗的，可以在播后浇出苗水，但一般土壤不宜采用。

（三）冬季管理

1. 中耕镇压，防旱保墒

中耕可以保墒、增温、消灭杂草，加速有机物质分解，利于根、蘖生长。自分蘖始期至封冻期均可进行中耕，尤其是在雨后和灌溉后，田间必须中耕以破除地面板结，弥补土壤裂缝。

耙压壅土，盖蘖保根，保墒防寒。水浇地如地面有裂缝造成失墒严重时，亦可适时锄地或耙压。

镇压可以压碎坷垃，弥补裂缝，减少土块间的空隙，利于保墒和保证麦苗安全越冬。但生产上应注意，对土壤过湿、盐碱地、沙土地、播种过深或麦苗过弱的田块，不宜采用镇压措施。

2. 适时冬灌

灌冻水（冬水）是保护麦苗安全越冬的重要措施。灌冻水可以沉实土壤，粉碎坷垃，消灭越冬害虫，并为早春麦田创造良好的生产条件。除多雨年份、土壤湿度大和晚播弱苗外，一般都应冬灌。冬灌时间应以日平均气温稳定到3℃左右，浇完水夜冻昼消时为宜。一般灌水量 90~120 毫米。对晚茬麦，在底墒充足的情况下，不宜冬灌。对群体偏小，总茎数在每亩 50 万~60 万的二三类麦田，可以结合冬灌追施硫酸铵 15~20 千克/亩，比返青追肥者肥效好，可以起到冬施春用的效果。

3. 严禁放牧

目前，在麦田中放牧多为羊群。在入冬前，羊吃麦苗可使麦苗连根拔起；在入冬后，羊吃麦苗可使麦苗齐根拔断；在小麦返青时，羊吃麦苗危害性更大。实践证明，经过羊群啃食的小麦田，麦田中缺苗断垄现象十分严重，死苗率大大升高；被咬麦苗返青缓慢，次生根和春生叶的生长受到抑制，进而影响茎秆形成与穗分化。试验表明，被羊群啃食一遍的麦田可减产 10%左右，啃食二遍或三遍的可减产 20%以上。对被羊啃过的麦田要及早加强管理，以确保其正常返青生长。

二、返青期生产管理

（一）早春搂麦锄划

返青后各类麦田均应锄划保墒，群体充足的麦田要深锄，控制春季无效分蘖的产生，减少养分消耗；弱苗麦田要多次浅锄细锄，提高地温，促进春季分蘖产生；枯叶多的麦田，返青前要用竹耙等工具清除干叶，以增加光照。另外，早春锄划也可以消除杂草。

锄划应在3月上旬返青前后进行。对有旺长趋势的麦田，从返青到起身期都可以适当深锄断根，抑制小麦春季无效分蘖，以保证小麦成穗质量和群体质量。

（二）因苗管理

返青期施肥浇水使春生分蘖增加10%~20%，两极分化时小蘖死亡过程延缓，分蘖成穗率提高，但穗子不齐（下棚穗多），主茎或低位蘖的小穗数增加，最后几片叶的面积增大，茎节间比不施肥浇水者略长。因此，返青期要针对不同麦田和苗情进行合理运用。

（1）壮苗和旺苗管理。对冬前总茎数70万~90万/亩的壮苗或90万~110万/亩的旺苗，只要冬前水肥充足，在返青期一般不施水肥。关键措施是锄划松土，以通气增温保墒，促进麦苗早发快长。如因冬前过旺出现脱肥或苗情转弱，可以提前施起身水肥。

（2）中等苗情管理。对冬前总茎数50万~60万/亩的中等苗，为了保冬蘖，争春蘖，抓穗数，应及时追返青肥，浇返青水。

（3）晚播弱苗管理。以锄划增温、促苗早发为中心，待分蘖和次生根长出，气温也较高时，再追肥浇水。如果墒足而缺肥，可以在早春刚化冻时借墒施肥。

（4）其他异常苗情管理。异常苗情一般指“僵苗”“小老苗”等。“僵苗”指生长停滞，长期处在某一叶龄期，不分蘖，不发根。“小老苗”指生长到一定数量叶片和分蘖后，生长缓慢，叶片短小，叶蘖同伸关系破坏。造成这两种苗情的原因是土壤板结，透气不良，土层薄，肥力差或磷钾短缺。可以采取疏松表土、破除板结、开沟补施磷钾肥等措施，并结合浇水。因欠墒或缺肥造成的黄

苗，要补施水肥。

（三）化学调节

有冻害的麦田，待小麦返青后喷施丰必灵、爱多收等植物生长调节剂，促进麦苗早发快长，一般每亩用丰必灵或爱多收3克兑水15千克喷雾，间隔7~10天，连喷2~3次。有旺长趋势的麦田，在起身前后每亩用20%壮丰安乳油30~40毫升或15%多效唑30克兑水40千克喷施，以防后期倒伏。

三、中期生产管理

小麦生长中期指从起身至抽穗这段时间，为营养生长与生殖生长并进阶段，茎、穗为此期生长发育中心。起身后由匍匐生长转向直立生长，尤其是从拔节到抽穗是一生中生长速度最快、生长量最大、干物质积累最快的时期。亩茎数达到高峰，每茎叶片数迅速增加，挑旗期前后达到最大叶面积系数，很容易造成郁蔽。

从产量构成因素的形成看，当气温上升到10℃以上，麦苗起身，分蘖开始两极分化，是提高成穗率，也就是增加穗数的关键时期。当气温上升到15℃，麦苗进入形态拔节，幼穗进入雄蕊分化和药隔期，是决定每穗小花数时期。当气温上升到18℃，小麦开始挑旗，穗分化进入四分体期，是决定结实率的重要时期。当气温上升到20℃，小麦开始开花，穗分化完成。

中期是群体与个体的矛盾、营养生长与生殖生长的矛盾、产量构成因素之间的矛盾及群体生长与栽培生态环境的矛盾集中出现的时期，形成了复杂的相互影响关系。这个阶段的管理措施能否调控上述矛盾，不仅直接决定穗数和粒数的形成，也关系中后期群体与个体的稳健生长和产量形成。

因此，这一阶段的栽培管理任务是：根据苗情类型，适时、适量地运用水肥管理措施，调控群体与个体的生长关系，器官与器官之间的关系，实现秆壮、穗多、穗大的目标，同时为籽粒形成和成熟奠定良好的基础。

（一）起身期至拔节期的管理

起身期的管理应合理控制分蘖两极分化，保证合适的成穗数；促进小花的发育为增粒数奠定基础。

起身期水肥的作用：一是能促进大蘖成穗，提高分蘖成穗率，但也会导致小蘖退化推迟，恶化群体。二是促进小花分化，减少不孕小穗数。三是有利于茎叶生长，促进基部节间的伸长和顶部3片叶的生长，有利于增加灌浆期光合产物，提高粒重，但也可能造成叶面积过大而郁蔽及基部节间过长而引起倒伏。因此，起身期水肥对群体小的麦田弊少利多；对群体适中的麦田利弊皆有；对群体大的麦田有弊无利。

在返青期未施水肥的前提下，一般生产水平的麦田，可以在起身期浇水施肥。追氮量可以是总施氮量的1/3~1/2。对于苗稀、苗弱的麦田，要适当提早施起身水肥，提高成穗率。施用起身水肥的时间，可以掌握在刚出现空心蘖时进行。群体健壮的高产田和群体过大的旺苗田，可以控制不施水肥，以促进分蘖两极分化，改善群体下部受光条件。

对旺苗可以进行深中耕，切断浮根，促进小蘖死亡。以后新根长出，有利于起身期以后的生长发育。

起身期镇压，对旺苗和壮苗有控制作用，对正常苗和弱苗可以促进小蘖赶上大蘖。镇压要在分蘖高峰已过、分蘖开始两极分化、节间未伸出地面前进行。地湿、早晨和阴天都不要镇压。起身期也是喷洒矮壮素、多效唑、壮丰安等植物生长调节剂，控制倒伏的重要时期。

旱地麦田在起身期要进行中耕除草，防旱保墒。

（二）拔节期的管理

拔节期水肥能显著减少不孕小穗和不孕小花数，提高穗粒数；能增大旗叶面积，延长上部叶片功能期，有利于籽粒形成和灌浆；促进第三、第四、第五节间伸长，有利于形成合理株型和大穗。

由于拔节期水肥对3个产量构成因素都有利，因此除了前期水肥过多、群体过大过旺的以外，都应该施用拔节水肥。拔节期水肥的时间：瘦地、弱苗、起身期未施水肥的可以提前到雄蕊分化期（春四叶伸出）；肥地、壮苗和旺苗以及起身期水肥较晚的弱苗，可以推迟到药隔分化期（春五叶伸出）进行。

（三）孕穗期的管理

此阶段正值四分体形成，对水分敏感，是水分临界期。由于此时小花集中退化，保证水肥可以促进花粉粒正常发育，减少小花退化，提高结实率，增加穗粒数；保证孕穗期水肥还可以延长灌浆期间绿色部分的功能期，积累较多的光合产物，有利于灌浆，提高粒重。因此，对旺苗、高产壮苗、晚播麦田，均应不晚于孕穗期浇水。对拔节期及以前各时期未追肥或追肥过少、麦叶发黄、有脱肥表现的，可以补施少量氮肥。这次补肥不但有利于开花和灌浆，还能提高籽粒中的蛋白质含量，改善籽粒品质。

（四）春季水肥的综合运筹

麦田苗情变化复杂，应针对具体苗情具体分析，制定相应的水肥管理措施。高产肥地一般要求稳定穗数，争取粒数和粒重，水肥重点应放在起身拔节期，尤其是拔节期。一般大田以穗数为主攻方向，兼顾粒数和粒重，水肥重点应在起身拔节期而偏重于起身期。

个别瘦地、弱苗水肥重点还应提前到返青期。

几种类型田块的水肥管理实例如下。

一般大田，每亩追肥量为5~7千克氮肥。壮苗：起身期和拔节期各追肥1/2；弱苗：返青期追肥1/4，起身期追肥1/2，拔节期追肥1/4。

高产田，每亩追肥量为10千克以上氮肥。壮苗：起身期1/3，拔节期2/3；或起身期和拔节期各追肥1/2；偏旺苗和晚播麦：拔节期一次追施，并可以酌情补施孕穗肥。

四、后期生产管理

后期是指从小麦开花到籽粒成熟所经历的一段时间，一般30~35天。小麦开花后，所有营养器官建成，营养生长结束，转向生殖生长阶段，籽粒是生长中心。小麦籽粒中营养物质有2/3以上来源于后期光合产物。但是，此期根、叶等营养器官进入功能衰退期，新根基本停止生长，老根逐渐丧失吸收能力，叶片由下向上逐渐变黄死亡；从产量器官看，穗数已经定型，但是穗粒数和粒重则受后期环境条件影响。后期的主攻方向：在中期管理基础上，保持根系的正常生理机能，延长上部叶片的功能期，提高光合效率，以水养根，以根护叶，药液保叶，促进灌浆，实现粒多、粒重。

后期管理的主要措施有3个方面：一是合理浇水，保持适宜的土壤水分；二是根外追肥，保持适宜的营养水平；三是加强病虫害防治，适当延长叶片功能期。

（一）浇好扬花、灌浆水

小麦籽粒形成期间对水分要求迫切，水分不足，导致籽粒退化，降低穗粒数。因此，要及时浇好扬花水。进入灌浆期以后，根系逐渐衰退，对环境条件适应能力减弱，要求有较平稳的地温和适

宜的水、气比例，土壤水分以田间最大持水量的70%~75%为宜。因此，要适时浇好灌浆水，有利于防止根系衰老，以达到以水养根、以根养叶、以叶保粒的作用。

浇灌浆水的次数、水量应根据土质、墒情、苗情而定，在土壤保水性能好、底墒足、有贪青趋势的麦田，浇一次水或不浇水。其他麦田一般浇一次水。每次浇水量不宜过大，水量大、淹水时间长，会使根系窒息死亡。

由于穗部增重较快，高产田灌水时要注意气象预报和天气变化，预防浇后倒伏，一般做到无风抢浇，小风快浇，大风停浇，昼夜轮浇。

后期停水时间，还要看具体情况而定。在正常年份以麦收前7~10天比较适宜。过早停水，会使籽粒成熟过快，影响粒重。多雨年份应提早停水。对于土壤肥力高及追氮肥量大的麦田，灌浆期叶色仍浓绿不退，也应提早停水，以水控肥，防止贪青晚熟。

（二）合理追肥，保持适宜的营养水平

小麦开花到乳熟期如有脱肥现象，可以用根外追肥的方法予以补充。苗情差的情况下，后期叶面喷肥尤其重要。各地试验证明，开花后到灌浆初期喷施叶面肥有增加粒重的效果。叶面肥的适宜浓度为尿素1%、硫酸铵2%、氯化钾或硫酸钾1%、磷酸二氢钾0.2%~0.3%，硝酸钾2%、草木灰10%（浸出液）、硼砂或硼酸0.2%、硫酸锌0.2%、稀土微肥0.03%、亚硝酸钠0.02%、光合微肥0.2%、抗旱剂1号0.1%等，此外，还有小麦专用微肥、丰产宝、喷施宝、绿风95、翠竹植物生长剂等复合营养剂。要根据使用目的合理选择，喷施浓度不可过大。

喷药应选在无风的阴天或晴天10时以前、16时以后进行。中午气温高，不宜喷施。一般要避开扬花期，以免影响小麦的正常授

粉和受精。若需在扬花期喷肥，应尽可能避开9—11时和15—18时两个扬花高峰时段。

（三）加强病虫害防治

小麦开花期间，也是病虫害的高发时期，这个阶段需要防治的害虫主要有小麦吸浆虫、麦蜘蛛和小麦蚜虫。需要防治的病害有小麦条锈病、小麦白粉病、小麦叶枯病和小麦赤霉病。

小麦扬花期一旦发现病虫为害时，要做好综合防治工作。应大力推广生物、物理、生态等防治技术。4月底至5月初及时防治穗蚜，一般用4.5%高效氯氰菊酯乳油1 000~1 500倍液，10%吡虫啉可湿性粉剂1 000倍液或2.5%高效氯氟氰菊酯乳油2 000~3 000倍液喷雾即可。

扬花期若遇到连阴天气，应注意每亩用40%多菌灵胶悬剂100克兑水50千克预防赤霉病。可将叶面喷肥、抗“干热风”、病虫害综合防治结合起来，起到“一喷多防”的作用。

第六节　秸秆直接还田

目前秸秆还田是补充土壤有机质的主要途径。秸秆还田分两种：一是利用秸秆还田机直接将秸秆还田；二是秸秆田外粉碎后再还田。本节主要介绍秸秆直接还田。

一、小麦秸秆还田的好处

秸秆还田可以有效增加土壤有机质含量，改良土壤，培肥地力，增加土壤通透能力；还可改善农田环境，抑制杂草和病虫害的发生。

二、秸秆粉碎直接还田技术要点

（一）适用条件

主要有 5 种还田技术，分别为：休闲麦田留高茬旋耕覆盖还田模式、休闲麦田留高茬旋耕翻压还田模式、小麦秸秆旋耕复播覆盖还田模式、小麦秸秆硬茬复播覆盖还田模式和小麦秸秆旋耕沟播覆盖还田模式。

（1）气候条件。休闲麦田留高茬旋耕覆盖还田模式和休闲麦田留高茬旋耕翻压还田模式适宜年均气温 10℃以上，≥10℃的年有效积温 3 000℃以上，年降水量达 480 毫米以上，无霜期 186 天以上的一年一熟的旱地小麦种植区。小麦秸秆旋耕复播覆盖还田模式、小麦秸秆硬茬复播覆盖还田模式和小麦秸秆旋耕沟播覆盖还田模式适宜年均气温 11℃以上，≥10℃的年有效积温 3 400℃以上，年降水量达 550 毫米以上，无霜期 235 天左右的一年二熟或两年三熟的小麦种植区。

（2）灌溉要求。休闲麦田留高茬旋耕覆盖还田模式和休闲麦田留高茬旋耕翻压还田模式适宜旱地小麦种植区；小麦秸秆旋耕复播覆盖还田模式、小麦秸秆硬茬复播覆盖还田模式和小麦秸秆旋耕沟播覆盖还田模式适宜有灌溉条件和补充灌溉条件的小麦种植区。

（3）土肥条件。适宜壤质土壤与黏质土壤，土壤肥力不限。

（4）耕作方式。适宜以单作、连作、轮作为主的机械化作业区。

（二）秸秆粉碎的质量

秸秆粉碎（切碎）长度最好小于 5 厘米，勿超 10 厘米。留茬高度越低越好，撒施要均匀。

(三) 调整碳氮比

秸秆直接还田后，适宜秸秆腐烂的碳氮比为（20~25）：1，而秸秆本身的碳氮比值都较高，小麦秸秆为87：1。因此，在秸秆还田的同时，要配合施入氮素化肥，保持秸秆合理的碳氮比。一般每100千克风干的秸秆掺入1千克左右的纯氮比较合适。

(四) 堆沤

可建一粪池，切碎后，洒水保持一定的湿度，每吨撒施效素菌6千克，入池压实后（需高出地面），用泥土封面后进行堆沤腐熟还田。

(五) 还田模式及操作程序

1. 休闲麦田留高茬旋耕覆盖还田模式

小麦收获：小麦成熟后用联合收割机收获，留茬高度20~30厘米。

秸秆处理：一般在休闲期杂草长到10厘米左右时用旋耕机完成小麦秸秆还田。休闲一个夏季，不深翻、不耙耱。

小麦播种：秋季用12行、8行或6行免耕硬茬施肥播种机播种小麦，播期一般比传统播种提前2~3天。

田间管理：喷洒除草剂或人工除草，并及时防治病虫害。

2. 休闲麦田留高茬旋耕翻压还田模式

小麦收获：小麦成熟后用联合收割机收获，留茬高度20~30厘米。

秸秆处理：用秸秆粉碎机将小麦秸秆粉碎，随后立即用深翻犁

深翻入土，伏天后耙耱保墒。

小麦播种：秋季用12行、8行或6行免耕硬茬施肥播种机播种小麦。

田间管理：人工除草或喷洒除草剂，并及时防治病虫害。

3. 小麦秸秆旋耕复播覆盖还田模式

小麦收获：小麦成熟后用联合收割机收获，留茬高度20~30厘米。

秸秆处理及复播夏作物：将收割机吐出的麦秸撒匀，适墒时用30~50马力拖拉机带旋耕播种机一次性完成小麦秸秆还田和豆类、油葵、夏玉米种植。

田间管理：喷除草剂或人工中耕除草1~2次。

4. 小麦秸秆硬茬复播覆盖还田模式

小麦收获：小麦成熟后用联合收割机收获，留茬高度20厘米左右。

秸秆处理及复播夏作物：将收割机吐出的麦秸撒匀或移出地块，适墒时用30~50马力拖拉机带硬茬播种机播种豆类、油葵、夏玉米。

田间管理：使用化学除草剂，及时防治病虫害。

5. 小麦秸秆旋耕沟播覆盖还田模式

小麦收获：小麦成熟后用联合收割机收获，留茬高度20~30厘米。

秸秆处理及复播夏作物：将收割机吐出的麦秸撒匀，适墒时用30~50马力拖拉机带旋耕起垄播种机一次性完成小麦秸秆还田和豆类、油葵、夏玉米等种植。

田间管理：使用化学除草剂，及时防治病虫害。

此模式的特点是：适宜小麦收获后复播芝麻等小颗粒种子的夏作物，同时可大大节约灌溉用水，提高自然降水的利用率。

（六）还田量

以上还田模式，均以每亩覆盖200~500千克小麦秸秆为宜。

（七）配套农艺

（1）选用优种。小麦秸秆覆盖首先要选用抗病、高产的优良品种，以充分发挥覆盖的增产效益。

（2）增加播量。复播田由于旋耕覆盖秸秆，使种子入土深浅不一致，影响出苗，所以应适当增加播种量，确保合理的基本苗。通常播量在常规播种量基础上增加25%~30%。

（3）配方施肥。在实施配方施肥的基础上，增施氮肥，一般每100千克秸秆增施氮素0.6~0.8千克，以调整碳氮比，促进秸秆腐熟。休闲麦田是施足底肥，亩施10~12千克氮素、8~12千克五氧化二磷，生长中期视苗情、墒情等适当追肥。复播田可在播种时每亩施5~10千克氮素、3~4千克五氧化二磷（不能与种子直接接触），生长期亩追5~8千克氮素。复播田氮肥也可不作底肥，全部以追肥施入。

（4）隔年深耕。覆盖田耕翻主要靠旋耕机，作业深度较浅。因此，每隔2~3年在麦收后或小麦播种前进行一次深耕或深松(30厘米左右)，使土壤能保持一定厚度的活土层。

（5）防治病虫害。麦草覆盖促使土壤水热条件改善，同时也有利于病虫害的潜伏和活动，因此，要坚持“预防为主，综合防治”的方针，做好覆盖田的病虫害预测预报。黑穗（黑粉）病、白粉病、锈病等病害为害较重的麦田，禁止用麦秸覆盖。病虫害易

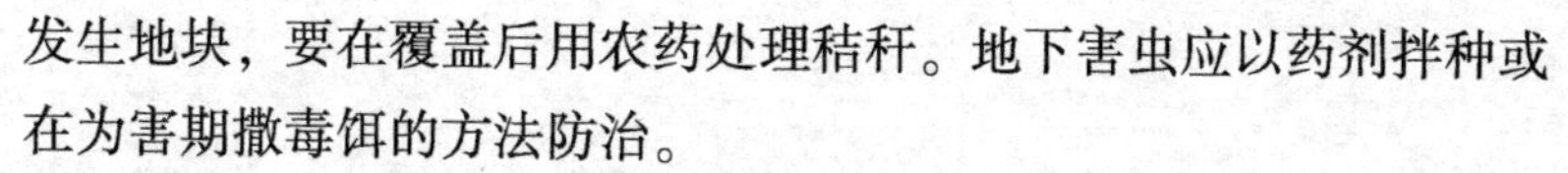

发生地块，要在覆盖后用农药处理秸秆。地下害虫应以药剂拌种或在为害期撒毒饵的方法防治。

（6）防治杂草。一般在播后到出苗前，每亩用乙莠水除草剂65~100 毫升兑水均匀喷洒在覆盖秸秆上；或在夏玉米 7~8 片叶时，每亩用克无踪 80~100 毫升兑水定向喷洒杂草。

（八）注意事项

（1）覆盖均匀。覆盖麦秸要均匀，达到地不露白，草不成坨。

（2）品种一致。麦草覆盖以本田覆盖为主，异地覆盖一般要求覆盖的麦草与生长的小麦品种保持一致，减少品种混杂。

第三章　小麦防灾减灾技术

第一节　冻　害

冻害是指低温给小麦造成的危害。小麦在遇到0℃以下的低温时，常使新陈代谢发生紊乱，冻害严重时麦苗甚至发生死亡。冻害的发生时期主要在两个阶段，一个是越冬期冻害，另一个是春霜冻害。

一、症状

1. 麦苗冻害

凡受冻害的麦苗，从外部形态观察，可分为4级。

一级：无冻害，麦苗生长正常。

二级：叶尖干裂变黄，有的上部叶片被冻坏，但冻后仍能很快恢复正常。

三级：麦苗基部叶片发黄，叶尖枯萎，剥去叶鞘后茎秆受冻处内部大量脱水。

四级：麦苗基部叶片发黄，上部叶片纵卷如葱管，最后叶片全部死亡，茎秆受冻处发生脱水现象，以后变成褐色而枯萎死亡。

2. 幼穗冻害

幼穗受冻害有3种情况。

（1）水渍穗。正在分化的幼穗抗寒力较弱，遇到低温，即使茎叶受害较轻，幼穗也会被冻死，其过程是幼穗开始时呈水渍状，以后变成白色。

（2）畸形穗。幼穗一部分或大部分受冻后形成各种畸形穗。

（3）不实穗。如在抽穗前8~10天遇到较低温度的侵袭，由于此时正处于四分体形成期，对低温特别敏感，很容易遭受冻害，使性细胞发育受阻而成为不实穗。

二、越冬期冻害的发生和防御

1. 易发生冻害的麦苗种类

（1）播种过早的拔节苗。这种苗冬前生长过旺，组织柔嫩，体内积累的糖分少，特别是拔节以后的麦苗，耐寒力差，很容易冻死。

（2）播种过晚的独脚苗。播种过晚，冬前没有分蘖，扎根不好，尤其是二三叶期的幼苗，种子里的养分已耗完，抗寒力差，易遭冻害。

（3）覆土不匀的露籽苗。露籽苗，苗脚浅，扎根不实，分蘖节露在地面，容易冻死。

（4）肥力不足的黄瘦苗。冬前缺肥落黄的麦苗，体内积累的糖分少，不耐冻。

（5）整地粗放的深籽苗。整地质量差的田块土块大，麦种往往从土块缝隙一直落到犁底，出苗困难，能出土的麦苗也长得很瘦弱，地中茎长，养分消耗多，很容易遭受冻害。

（6）排水不良的水渍苗。低洼田或其他排水不良的麦田，容易发生冰冻，“根拔”而死苗。

2. 冻害发生后的补救措施

(1) 挽救（保苗）。部分叶子被冻坏时，如果墒情适宜，可在越冬期间天气温暖时追施化肥，也可浇施人粪尿，促使麦苗迅速恢复生长。茎叶全部被冻坏时，如果分蘖节没有冻死，可大量追施速效性肥料，促使麦苗重新长叶、分蘖、生根，恢复生长。旱作地区麦苗受冻后，要进行镇压，使麦根与土壤密接，以便吸收水分和养分，恢复生长。如果天气干旱要进行灌水，以加快恢复。

(2) 补种。死苗率达80%以上而又无法挽救时，可用春性品种进行催芽补种。补种的麦子出苗后要及早追肥，力争晚苗赶早苗，成熟一致。

三、早春冻害的补救措施

早春冻害发生后，即使冻害很重，如果加强管理，仍然能够促进小麦继续生根发蘖，迅速恢复生长。因此，遭受早春冻害的麦田一般不要毁掉，必须及早进行补救。

早春冻害的补救措施：一是及时追肥。早春冻害严重的麦田，一般都是旺长麦田，一旦发生冻害后，要把旺苗当成弱苗来管，一般情况下，每亩追施尿素7.5~10千克，追肥后及时浇水。二是喷洒化学调节剂。冻害发生后，每亩用磷酸二氢钾200克，喷洒小麦植株，对促进小麦恢复生长具有良好作用。三是及时防治病虫害。冻害严重的麦田，新生分蘖成穗率提高，组织较嫩，易发生病虫害，因此，要结合喷洒植物生长素喷洒农药，防治病虫害的发生。四是返青后，对于已拔节的麦田，主茎和大分蘖虽已冻死，但不要放弃管理。这是因为主茎和大分蘖的生长点遭受冻害后，生长中心已转到仍存活的小分蘖上，应以促为主，加强管理。

四、晚霜冻害的发生和补救

受霜冻的小麦，茎秆、叶片受冻，称为外伤；幼穗局部乃至全部冻死，称为内伤。冻害后要及时检查受冻程度，尤其是幼穗受冻情况。凡幼穗冻死的植株，心叶不再伸长，多数卷成喇叭形，少数直接枯萎而死。值得注意的是不少被冻死的植株给人以假象，叶片仍可保持青绿色，有的长达10~13天之久才枯黄。

晚霜冻害的补救措施：一是冻后灌水。在天气干旱的条件下，晚霜冻后应及时灌水；水浇得越足，小麦恢复生长越快，成穗质量越高。二是冻后追肥。冻后浇水应结合追肥进行，效果更佳。三是叶面喷施肥料激素。小麦冻害后及时喷洒磷酸二氢钾和植物生长调节剂，对增加穗粒数、提高粒重作用很大；同时做好病虫害的防治工作，对减少损失有重要作用。

五、冻害的防御对策

（一）选用抗寒品种，搞好品种布局

经常易发生小麦春霜冻害的地区，生产上要选用和搭配种植拔节晚而抽穗并不晚的品种，扩大弱冬性和半冬性品种的面积。

（二）按品种属性，合理安排播种期

在容易发生寒潮降温的地区，小麦品种应用上要有2个或2个以上不同类型的品种，按当地前茬作物腾茬早迟，对小麦播种期进行合理安排。春性品种不能过早播种，否则若遇暖冬年份提早拔节，极易造成冻害。

（三）培育壮苗越冬

小麦壮苗越冬，因植株体内养分积累多，分蘖节含糖量高，具

有较强的抗寒能力。即使在遇到不可避免的冻害情况下，其受害程度也大大低于早旺苗和晚弱苗。培育壮苗既是小麦高产措施，又是防灾措施。

（四）灌水防霜冻

霜冻前灌水可以提高麦田近地面温度2~4℃，具有减轻霜害的作用。有喷灌条件的地区，在发生霜冻时喷水，可以调节近地面层小气候，对防御霜冻有很好的效果。

（五）加强晚弱苗的冬季防护

加强对晚弱苗麦田的增温防寒工作，如撒施暖性农家肥料（土杂肥、泥浆），保护分蘖节不受冻害。

第二节　倒　伏

倒伏是小麦高产的主要障碍因素之一。小麦倒伏后，茎秆的输导组织受到创伤或曲折，养分、水分运输不畅，同时，茎叶重叠，通风透光不良，光合作用削弱，物质积累与分配受到障碍，穗粒数减少，粒重减轻，产量降低，品质变劣。倒伏越早，影响越大。

一、倒伏的类型与起因

小麦倒伏从时间上可分为早倒和晚倒，从形式上可分为根倒和茎倒。一般根倒多发生在晚期，损失较小。茎倒则在早期和晚期均可发生，是倒伏的主要形式，损失较大。一般灌浆前早期倒伏主要影响粒数和粒重，一般减产20%~50%；灌浆后晚期倒伏，主要影响粒重，一般减产10%~20%。因此，如何预防小麦倒伏，是小麦高产栽培的重要课题。

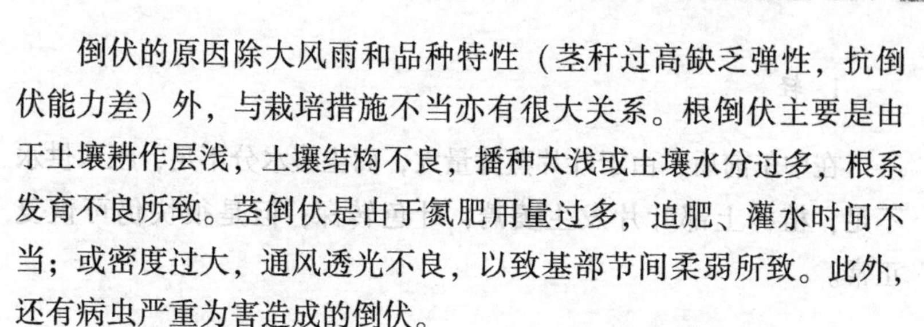

倒伏的原因除大风雨和品种特性（茎秆过高缺乏弹性，抗倒伏能力差）外，与栽培措施不当亦有很大关系。根倒伏主要是由于土壤耕作层浅，土壤结构不良，播种太浅或土壤水分过多，根系发育不良所致。茎倒伏是由于氮肥用量过多，追肥、灌水时间不当；或密度过大，通风透光不良，以致基部节间柔弱所致。此外，还有病虫严重为害造成的倒伏。

二、防止倒伏的措施

倒伏虽然发生在后期，预防却在前期。预防倒伏的根本措施，主要是选用抗倒伏品种，合理安排基本苗，提高整地和播种质量，并在此基础上，促控结合，合理运用水肥，创造合理的群体结构。如发现麦苗有徒长趋势时，可用深中耕和镇压来控制分蘖和中部叶片生长，促使基部茎节间粗短，以达到防倒的目的。化学控制也是防止小麦倒伏的有效措施之一，对群体大、长势旺的麦田或植株较高的品种，在小麦起身期每亩用15%多效唑30~50克或20%壮丰安乳油30~40毫升，加水30千克喷洒，以控制植株旺长，缩短基部节间，降低植株高度，提高根系活力，增强抗倒伏能力。

第三节　干　旱

旱害是指土壤缺水或水分不足，引起小麦生长发育异常乃至萎蔫死亡的现象。

一、症状

旱害是麦区的一种常见自然灾害，是影响旱地小麦产量提高的主要因素。主要症状如下。

1. 轻

在中午前后，由于叶片蒸腾量大，而土壤水分不足，根系供水不足，植株上部叶片发生萎蔫，叶色转深，但是很快仍可恢复正常。

2. 中

在中午前后，蒸腾强烈，由于土壤缺水，根系供应不上水分，叶片缺水出现萎蔫；但至晚间蒸腾降低，植株仍可恢复正常。

3. 重

土壤缺乏植株可以利用的水，虽设法降低叶片蒸腾，仍不能消除萎蔫，至晚间也是如此，只有通过浇水才可恢复正常。这种萎蔫对小麦危害很大，如历时稍久，就会导致植株死亡。

二、干旱发生规律与危害

影响小麦的旱灾主要是秋旱、冬旱和春旱。秋旱造成小麦播期推迟，播种质量差，播后出苗不齐，缺苗断垄，麦苗素质差，抗灾能力弱，最终导致小麦单位面积成穗不足，成熟期推迟。冬旱导致小麦叶片生长缓慢，严重时可造成叶片干死，越冬期小麦生长量小，大分蘖少，小麦根系发育不健壮。

三、预防或减轻小麦干旱的途径与措施

(一) 抢墒播种

只要土壤含水量在田间最大持水量的50%以上，或虽达不到，但播后出苗期有灌溉条件的田块，均应抢墒播种。旱茬麦要适当减

少耕耙次数，耕、整、播、压作业不间断地同步进行；稻茬麦采取免耕机条播技术，一次完成灭茬、浅旋、播种、覆盖和镇压等作业工序。

（二）造墒播种

对耕层土壤含水量低于田间最大持水量的50%，不能依靠底墒出苗的田块，要采取多种措施造墒播种。主要有以下5种方法：一是有自流灌溉地区实行沟灌、漫灌，速灌速排，待墒情适宜时用浅旋耕机条播；二是低蓄水位或井灌区采取抽水浇灌（水管喷浇或泼浇），次日播种；三是水源缺乏地区先开播种沟，然后顺沟带水播种，再覆土镇压保墒；四是稻茬麦地区要灌好水稻成熟期的跑马水，以确保在水稻收获前7~10天播种，收稻时及时出苗；五是对已经播种但未出苗或未齐苗的田块洇灌出苗水或齐苗水，注意不可大水漫灌，以防烂芽、闷芽，对地表结块的田块要及时松土，保证出齐苗。

（三）物理抗旱保墒

持续干旱无雨条件下，底墒或造墒播种，播种后出不来或出苗保不住的麦田，可在适当增加播种深度2~3厘米的前提下再采取镇压保墒。一般播种后及时镇压，可使耕层土壤含水量提高2%~3%。播后用稻草、玉米秸秆或土杂肥覆盖等，不仅能有效地控制土壤水分的蒸发，还有利于增肥改土、抑制杂草、增温防冻等；如果在小麦出苗后结合人工除草搂耙松土，切断土壤表层毛细管，减少土壤水分蒸发，可达到保墒的目的。

（四）播后及时管理

由于受到秋播条件的限制，播种水平、出苗质量、技术标准难以到位，必须及早抓好查苗补苗等工作，确保冬前壮苗，提高土壤水分利用率。出苗分蘖后遇旱，坚持浇灌、喷灌或沟灌，避免大水漫灌，防止土壤板结而影响根系生长和分蘖的发生；生长中后期严重干旱的麦田以小水沟灌至土壤湿润为度，水量不宜过大，浸水时间不应过长，以防气温骤升而发生高温逼熟或遭遇大雨后引起倒伏。

第四节　湿（渍）灾害

一、症状

湿害是指土壤耕作层内土壤水分长期超过田间最大持水量80%以上，由于土壤缺氧，根系生长发育受阻，麦苗生长发育异常。小麦湿害在长江中下游普遍存在，是造成产量低而不稳的重要原因之一。

小麦各生育期湿害的症状有所不同。

1. 苗期湿害

叶尖黄化或呈淡褐色，初生根呈褐色，稍硬化，根系伸展受阻，分蘖力很弱，苗瘦小，叶黄，往往成为生长受阻的僵苗。

2. 拔节、抽穗期湿害

茎叶黄化或枯死，初生根呈暗褐色，生长不良，次生根也呈暗褐色，出现黑色污斑，伸长停止，茎秆细弱，无效分蘖和退化小穗增加，穗小粒少。

3. 灌浆、成熟期湿害

旗叶枯黄或枯死，根系早衰，根呈锈黄色或褐黄色，植株早

枯；灌浆期缩短，千粒重降低。

小麦通常后期遭受湿害比前期后果严重，特别是在拔节至灌浆成熟阶段受湿害，损失更大。

二、防御措施

（一）建立良好的麦田排水系统

从农业措施来说，麦田内外排水沟渠应配套，田内采用明沟与暗沟（或暗管、暗洞）相结合的办法，前者排除地面水，后者降低地下水位。秋季开好畦沟，出水沟应逐级加深，春季及时疏通三沟，做到沟沟相通，达到雨停田干。这些措施不仅可以减轻湿（渍）害，而且能够减轻小麦白粉病、纹枯病和赤霉病及草害。

（二）选育和选用抗湿（渍）性品种

不同小麦良种以及处于不同生育时期的小麦对湿害的反应都存在差异。已经筛选出的农林46等品种在孕穗期间的耐湿（渍）性都极强，培育抗湿（渍）品种对提高小麦抗湿（渍）性具有重要作用。

（三）采用抗湿（渍）耕作措施

改良耕作制度，避免水旱田交错，实行连片种植；加深耕作层，消除犁底层；增施有机肥料，改良土壤结构，增加土壤通透性，减少土壤中有毒物质，以及培育壮苗，建立合理的群体结构，协调群体和个体关系，发挥小麦自身的调节作用，提高小麦的群体质量，这些都是提高小麦耐湿（渍）能力的措施。

（四）合理施肥

由于湿（渍）害造成叶片某些营养元素（主要是氮、磷、钾）亏缺，碳氮代谢失调，从而影响小麦光合作用和干物质的积累、运输、分配以及根系生长发育、根系活力和根群质量，最终影响小麦的产量和品质。为此，在施足基肥（有机肥和磷、钾肥）的前提下，当湿（渍）害发生时应及时追施速效氮肥，以补偿氮的缺乏，延长绿叶面积持续期，增加叶片的光合速率，从而减轻湿（渍）害造成的损失。

（五）适当喷施生长调节剂

在湿（渍）害逆境下，小麦体内正常的激素平衡发生改变，产生“逆境激素”——乙烯。乙烯和ABA增加，使小麦地上部分衰老加速。所以在渍水时，可以适当喷施6-BA等生长调节物质，以延缓衰老进程，减轻湿（渍）害。

第五节　早衰与贪青晚熟

一、早衰

小麦早衰是小麦抽穗至成熟期间，发生叶片未老先衰的现象。早衰使叶片功能期缩短，光合产物减少，粒重下降。

1. 小麦发生早衰的原因

（1）灌浆期间遇连续阴雨，使麦田土壤水分超过田间最大持水量的80%以上，土壤含氧量降低，根系呼吸受阻，活力下降，引起根系早衰，因此，根系对地上部分的养分和维持叶片功能的生理活性物质供应不足，从而导致植株地上部分发生早衰。

（2）灌浆期间，土壤水分不足，特别是遇到高温干旱，使叶片叶绿素分解加快，功能降低，导致叶片早衰。

（3）土壤肥力不足，后期缺氮，使叶片提早衰退。

（4）灌浆期间，严重发生病虫害，引起植株早衰。

2. 防御措施

防止小麦早衰，一是养根，在阴雨天，土壤水分太高时，做好排水工作；二是根外供给适量氮、磷，以延长叶片的功能期，有利于灌浆。

二、贪青

小麦抽穗以后，如果发现旗叶及其下面的一二叶下披严重，叶色浓绿，不能如期正常成熟，这就是贪青的表现。小麦贪青以后，往往使秕粒增加，成熟推迟，千粒重下降，产量降低。

发生贪青的原因，主要是氮肥施用太多，叶片氮素代谢过旺，碳水化合物多用于叶片蛋白质合成，从而使光合作用产物向籽粒运输减少，灌浆强度下降，成熟延迟，千粒重下降。

防止贪青的办法主要是要合理施肥，严格控制氮素施用量，特别是注意中后期施肥量，同时注意增施磷、钾肥。

第六节　干热风

干热风也叫“火风”，是小麦生育后期主要气象灾害之一。这种灾害性天气的特点是高温低湿和伴有一定的风速，或者雨后高温猛晴，常于小麦灌浆期发生。干热风发生时，小麦植株蒸腾失水加剧，体内水分供需失调，灌浆速度减慢甚至停止，迫使小麦提前枯熟，籽粒干秕，产量和品质同时降低。

一、干热风的类型

1. 高温低湿型干热风

高温低湿型干热风一般在小麦扬花灌浆期内较易发生，其特征主要表现为发生范围广、危害程度重等。此类型温度最高可以短期飙升到35~38℃，而空气湿度可以骤降到30%~35%甚至更低，若达到这种条件，基本上就容易发生高温低湿型干热风，严重时会造成小麦早熟枯死、产量骤减。

2. 雨后青枯型干热风

雨后青枯型干热风一般在小麦乳熟期后期经常发生，虽然发生范围不及高温低湿型干热风，但其危害程度更为严重，此类型主要是由雨后天气骤然放晴、温度急剧飙升、湿度骤然下降所导致。雨后温度回升越快、越高，对小麦的危害就越严重，受害小麦会表现出植株急剧青枯、早熟的症状。

3. 旱风型干热风

在干旱的年份发生率比较高，尤其在西北地区和黄土高原地区的小麦种植区较为常见。此类型主要是由高温干旱、大风加剧空气干燥所诱发。在对小麦的危害症状上与高温低湿型干热风危害基本相同，但除此之外，因为空气特别干燥，还会使小麦叶片呈现绳状卷缩的受害症状。

二、干热风的预防措施

干热风的危害程度，一方面取决于发生时期的迟早和轻重程度，另一方面又决定于小麦生长好坏、成熟早晚和土壤墒情，所以

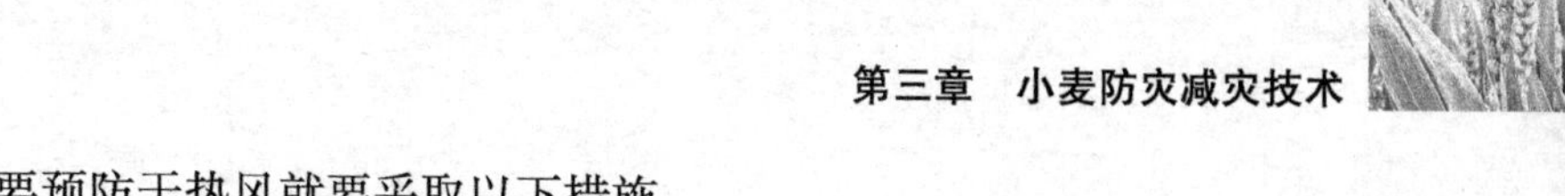

要预防干热风就要采取以下措施。

（一）适时早播

晚播麦的生育期推迟，灌浆期遭遇干热风的概率大。在适期范围内争取早播，使小麦成熟期提前，可躲开或减轻其危害。

（二）营造护田林

护田林可改变气流运行情况，减弱风速，树根从土壤深层吸水供树冠蒸腾，增加近地面空气中的湿度。一般在林网树高 30 倍的范围内，风速可降低 30%左右，夏季气温降低 1～4 ℃，地面蒸发量减少 20%～30%，空气相对湿度增加 10%～15%，可以大大减轻危害。

（三）选用抗干热风品种

不同品种抗干热风的能力各有差异，可因地制宜，合理选用。

（四）提前浇水

在干热风来到之前进行浇水，有预防和减轻危害的作用。

第四章　小麦病虫草害绿色防控

第一节　病害绿色防控

小麦从播种、出苗、拔节到抽穗、灌浆都会受到多种病害的为害，这些病害对小麦的产量和品质都会造成严重的影响。我国小麦病害主要有20多种，以小麦白粉病、小麦条锈病、小麦叶锈病、小麦根腐病、小麦赤霉病、小麦纹枯病、小麦病毒病和小麦线虫病发生最为普遍且为害严重。根据病害对小麦的为害特点及病原类型，可将它们区分为系统性病害、局部性病害、病毒病害和线虫病害。

小麦系统性病害主要包括小麦腥黑穗病、小麦散黑穗病、小麦秆黑粉病和小麦霜霉病等。主要为害小麦的茎、叶、小穗和籽粒。此类病害常造成植株明显矮化、分蘖增多，穗期形成疯顶症，叶面发皱并弯曲，穗茎扭曲、畸形，抽穗早，茎、叶、小穗和籽粒形成黑粉，不能结实，严重影响小麦产量。

局部性病害主要有小麦锈病、小麦白粉病、小麦全蚀病、小麦纹枯病、小麦根腐病、小麦叶枯病和小麦赤霉病等。主要为害小麦的根、茎、叶及穗部。此类病害常造成烂芽，被侵染的幼苗黄弱、矮小，种子根发黑，根毛腐烂，侧根减少，常造成死苗。成株期，在叶片、茎秆、穗部出现病原物，形成不同类型的病斑，常造成秆腐、穗腐、枯白穗、黑胚，严重时枯死，受害麦穗常不能正常结

实，影响小麦产量，严重者几乎绝收。

小麦病毒病害指由病毒侵染的病害，包括小麦丛矮病和小麦黄矮病。此类病害常造成分蘖增多、植株矮缩、呈丛矮状，叶片变黄、心叶不伸展、不抽穗。冬前染病株大部分不能越冬而死亡，拔节后染病株能抽穗，但籽粒秕瘦，严重影响小麦产量。

小麦线虫病害是一类由线虫侵染的病害，包括小麦粒瘿线虫病和小麦禾谷孢囊线虫病。病症主要表现在根部和穗部，以地上麦形成虫瘿和根系被寄生成瘤状最为明显。

一、白粉病

（一）发病症状

小麦白粉病在苗期至成株期均可为害。该病主要为害叶片，严重时也可为害叶鞘、茎秆和穗部。一般叶片正面的病斑比背面多，下部叶片比上部叶片发病重。病部初产生黄色小点，然后逐渐扩大为圆形或椭圆形的病斑，表面生一层白粉状霉层，霉层以后逐渐变为灰白色，最后变为浅褐色，其上生有许多黑色小点。病斑多时可愈合成片，并导致叶片发黄枯死。病株穗小粒少，千粒重明显下降。

病菌属于专性寄生菌，只能在活的寄主组织上生长发育。小麦白粉病病菌主要为害小麦，有时可侵染黑麦和燕麦，但不侵染大麦。

（二）发生规律

1. 病原菌的越夏和越冬

小麦白粉病菌的越夏方式目前认为有两种：一种是以分生孢子

在夏季气温较低、海拔较高的山区（最热旬的平均气温不超过24℃）的自生麦苗上或夏播小麦植株上越夏。另一种是以病残体上的闭囊壳在低温干燥地区或低温干燥的条件下越夏，并成为秋苗发病的初侵染源。

病菌越夏后侵染秋苗，导致秋苗发病。秋苗发病以后病菌一般均能越冬，越冬方式有两种：一是以分生孢子的形态越冬；二是以菌丝状潜伏在病叶组织内越冬。影响病菌越冬率高低的主要因素是冬季的气温，其次是湿度。

2. 春季发病规律及影响因素

越冬的病菌先在植株底部的叶片上呈水平方向扩展，以后依次向中部和上部叶片发展。发病部位的高低和严重程度是病情轻重的重要标志。在一般发病田块和重病田块的早期，病田内的发病中心明显。春季一般于拔节期开始发病，抽穗至灌浆期达到高峰，乳熟期停止发展，病情发展流行呈典型的“S”形曲线。

影响春季流行的因素有以下几点。

(1) 品种抗病性。

(2) 气候条件。以温度和湿度影响最大。温度对春季小麦白粉病的影响，一是始发期的早晚，二是潜育期的长短和病情发展速度的快慢，三是病害终止期的迟早。如冬季和早春气温偏高，始发期就较早。小麦白粉病在温度0~25℃均可发生，15~20℃为发病最适温度，10℃以下发生缓慢，25℃以上病情发展受到抑制。湿度和降雨对病害的影响比较复杂，一般来说，干旱少雨不利于病害发生，在一定范围内，随着相对湿度的增加，病害会逐渐加重。

(3) 栽培条件。高水肥条件下，田间通风透光不良，植株生长过于密茂，有利于病原菌的繁殖和侵染，白粉病发生较重。但是，田间水肥不足，土壤干旱，植株生长衰弱，抗病性下降，也会

引起病害严重发生。

（4）菌源数量。秋苗发病轻重与越夏地的菌源量有密切关系。而春季白粉病的病情与病菌越冬存活率有一定关系。

（三）防治方法

防治策略应采取以推广抗病品种为主，辅之以减少菌源、栽培防治和化学药剂防治的综合防治措施。

1. 选用抗病品种

由于小麦白粉病菌是专性寄生菌，病菌变异速度快，经常导致品种抗病性丧失。除了利用低反应型抗病性外，还要充分利用小麦对白粉病的慢病性和耐病性。

2. 减少初侵染来源

由于自生麦苗上的分生孢子是小麦秋苗的主要初侵染菌源，因此在小麦白粉病的越夏区，在麦播前要尽可能消灭自生麦苗，以减少菌源，降低秋苗发病率。在病原菌闭囊壳能够越夏的地区，麦播前要妥善处理带病麦秸。

3. 加强栽培管理

适期适量播种，控制田间群体密度，合理施肥，合理灌水，降低田间湿度。

4. 药剂防治

在秋苗发病较重的地区，可采用烯唑醇按种子重量的 0.02%或用三唑酮按种子重量的 0.03%拌种，拌种后堆闷 6 小时以上再播种，可以兼治小麦黑穗病。在春季发病初期（病叶率达 10%或病情指数达1以上）及时进行喷药防治。常用药剂有15%三唑酮可湿性粉剂30~40克/亩、20%三唑酮乳油20~30克/亩、12.5%烯唑醇可湿性粉剂20~30克/亩等。

小麦生产中后期，锈病、白粉病、穗蚜混发时，每亩用15%三唑酮可湿性粉剂30克+50%抗蚜威可湿性粉剂6~8克；锈病、白粉病、吸浆虫、黏虫混发区或田块，每亩用15%三唑酮可湿性粉剂30克+磷酸二氢钾150克；赤霉病、白粉病、穗蚜混发区，每亩用25%多菌灵可湿性粉剂150克+15%三唑酮可湿性粉剂30克+50%抗蚜威可湿性粉剂6~8克+磷酸二氢钾150克喷雾防治。

二、全蚀病

（一）发病症状

本病又称小麦立枯病、黑脚病。全蚀病是一种根部病害，只侵染麦根和茎基部1~2节。小麦苗期和成株期均可发病，以近成熟时病株症状最为明显。幼苗期病株矮小，种子根和地中茎变成灰黑色，严重时造成麦苗连片枯死。病苗返青迟缓、分蘖少，病株根部大部分变黑，拔节后茎基部1~2节叶鞘内侧和茎秆表面在潮湿条件下形成肉眼可见的黑褐色菌丝层，称为“黑脚”，后颜色加深呈黑膏药状，上密布黑褐色颗粒状子囊壳。种子根、次生根变黑腐烂和黑脚是全蚀病区别于其他根腐病的典型症状。重病株地上部明显矮化，发病晚的植株矮化不明显。抽穗后田间病株成簇或点片状发生植株早枯，形成“白穗”。在潮湿情况下，小麦近成熟时在病株基部叶鞘内侧生有黑色颗粒状突起，即病原菌的子囊壳。

（二）发生规律

病原为禾顶囊壳，属子囊菌亚门顶囊壳属，是一种土壤寄居

菌，在土壤中存活3~5年，病菌除为害小麦外，还能为害大麦、黑麦、玉米、谷子、燕麦等禾本科作物及禾本科杂草。以菌丝体随病残体在土壤和有机肥中越夏或越冬。在自生麦苗、杂草或其他作物上越夏，是后茬小麦的主要侵染源。引种混有病残体种子是无病区发病的主要原因。割麦收获区根茬上的休眠菌丝体是下茬的主要初侵染源。冬麦区种子萌发不久，越夏病菌菌丝体就可侵害种子根，并在变黑的种子根内越冬。春季小麦返青，菌丝体随温度升高而加快生长，向上扩展至分蘖节和茎基部。拔节至抽穗期，可侵染到第一至第二节，由于茎基部受害腐烂而造成病株陆续死亡。小麦全蚀病菌较好气，发育温度为3~35℃，适宜的温度为19~24℃，致死温度为52~54℃（10分钟）。

土壤性状和耕作管理条件对全蚀病影响较大。偏碱性土壤发病重于中性或偏酸性土壤。冬麦区冬季温暖、晚秋早春多雨发病重。水浇地比旱地发病重。夏季高温多雨有利于田间病残体的腐熟，降低菌量，能减轻冬麦发病。土壤缺氮引起全蚀病严重发生，施用氮肥后全蚀病严重程度降低。增施有机肥，提高土壤中有机质含量能明显减轻发病。土壤中严重缺磷或氮磷比例失调，全蚀病为害加重。连作有利于土壤中病原菌积累，病害逐年加重，合理轮作能减轻发病。实施免耕或少耕，降低土壤的通气性，能减轻发病。

（三）防治方法

1. 加强种子检疫

严禁从病区调运种子；耕作、播种和收获机械不与病区机械混用；不用病区麦秸作包装材料外运。从病区调进种子要严格检验，播前用0.1%甲基硫菌灵浸种或52~54℃温水浸种10分钟，杀死种子表面的病原菌。

2. 轮作倒茬

因地制宜进行轮作，坚持1~2年与非寄主作物轮作1次，如花生、烟草、番茄、甜菜、蓖麻、绿肥等。

3. 平衡施肥

提倡施用酵素菌沤制的堆肥，提高土壤有机质含量，无机肥施用应注意氮、磷、钾的配比。

4. 生物防治

对因全蚀病衰退的麦田或即将衰退的麦田，要推行小麦两作或小麦、玉米一年两熟制，以维持土壤拮抗菌的防病作用。

5. 药剂防治

全蚀病重发生区可在播期用药剂土壤灭菌，同时辅助用拌种、早春喷浇杀菌剂的方法来防治。

(1) 土壤消毒。每亩用50%二氯异氰尿酸（禾菌）400克或85%三氯异氰尿酸（治愈）100克拌20千克细土或混于底肥（含磷比例高的最好）中撒施，或亩用50%多菌灵1千克加15%三唑酮1千克，加水100千克，随水灌入土壤或喷于地表，也可以亩用50%多菌灵2千克或70%甲基硫菌灵2千克，兑水100千克喷于地表，或加细土50千克拌匀后撒于地表，然后翻耕整地播种。

(2) 种子处理。每亩小麦种子用50%二氯异氰尿酸25克或硅噻菌胺20克拌种，或用12%烯唑醇按种子重量的0.02%~0.03%拌种，也可用2.5%适乐时种衣剂按1∶1 000包衣处理。

(3) 药剂灌根。对于未做药剂土壤处理和拌种的病田，可在小麦返青期，每亩用15%三唑酮可湿性粉剂150~200克，兑水

50~70千克；或用含5亿活芽孢/克荧光假单胞杆菌的消蚀灵可湿性粉剂100~150克，兑水50~70千克，充分搅匀，顺垄喷灌于小麦茎基部，进行补救防治。重病田隔7~10天再防治1次。

三、赤霉病

小麦赤霉病又称麦穗枯、烂麦头、红麦头。小麦赤霉病可使小麦蛋白质和面筋含量减少，出粉率降低。同时病粒内含有多种毒素，可引起人、畜中毒，发生呕吐、腹痛、头昏等现象。严重感染此病的小麦不能食用。

（一）发病症状

赤霉病主要引起苗枯、茎基腐、秆腐和穗腐，从出苗到抽穗都可受害，其中影响最严重的是穗腐。苗期，种子带菌引起苗枯，使根鞘及芽鞘呈黄褐色水浸状腐烂，地上部叶色发黄，重者幼苗未出土即死亡。成株期形成茎基腐烂和穗枯，以穗枯为害最重。被害小穗最初在基部变水渍状，后渐失绿褪色而呈褐色病斑，然后颖壳的合缝处生出一层明显的粉红色霉层，分生孢子后期病部出现紫黑色粗糙颗粒（子囊壳）。籽粒发病后皱缩干瘪，变为苍白色或紫红色，有时籽粒表面有粉红色霉层。茎基腐自幼苗出土至成熟均可发生，主要发生于茎的基部，使其变褐腐烂，严重时整株枯死。秆腐多发生在穗下第一、第二节，发病初期在叶鞘上出现水渍状褪绿斑，后扩展为淡褐色至红褐色不规则形斑或向茎内扩展。病情严重时，造成病部以上枯黄，有时不能抽穗或抽出枯黄穗。气候潮湿时病部可见粉红霉层。

（二）发生规律

赤霉病主要通过风雨传播，雨水作用较大。春季气温7℃以上，土壤含水量大于田间持水量的50%时形成子囊壳，气温高于12℃形成子囊孢子。在降雨或空气潮湿的情况下，子囊孢子成熟并散落在花药上，经花丝侵染小穗发病。晚熟、颖壳较厚、不耐肥品种发病较重；田间病残体菌量大发病重；地势低洼、排水不良、土壤黏重、偏施氮肥、密度大、田间郁闭时发病重。

药剂防治指标：齐穗至扬花期，如气温较常年高1~2℃，气象预报有连续降雨天气，病穗始期早且增长速度快，即应组织防治。

（三）防治方法

（1）选育和推广抗病品种。

（2）加强农业防治，消灭或减少菌源数量。播种时要精选种子，减少种子带菌率；播种量不宜过大；要控制氮肥施用量和使用时间；小麦扬花期应少灌水，更不能大水漫灌，多雨地区要注意排水降湿；消灭或减少初侵染菌源，小麦扬花前要尽可能处理完麦秸、玉米秸等植株残体。

（3）药剂防治。种子处理是防治芽腐和苗枯的有效措施。可用适乐时，每100千克种子用药100~200克湿拌。喷雾防治是防治穗腐的关键措施，最适施药时期是小麦齐穗期至盛花期，施药应宁早勿晚。比较有效的药剂有适乐时、苯醚甲环唑、多菌灵和甲基硫菌灵等内吸杀菌剂。在始花期喷施50%多菌灵可湿性粉剂600倍液，或用70%甲基硫菌灵可湿性粉剂1 000倍液，或用50%多霉威可湿性粉剂800~ 1 000倍液，隔5~7天防治1次即可。此外，小麦生长的中后期赤霉病、麦蚜、黏虫混发区，每亩用40%毒死蜱乳油30毫升或10%抗蚜威可湿性粉剂10克+25%多菌灵可湿性粉剂150克+磷酸二氢钾150克或尿素、丰产素等喷雾防治。

四、根腐病

（一）发病症状

苗期形成苗枯，成株期形成茎基枯死、叶枯和穗枯。由于小麦受害时期、部位和症状的不同，因此有斑点病、黑胚病、青死病等名称。

幼芽和幼苗受侵染后，种子根变黑、腐烂，严重的病种子不能发芽，有的发芽后未及出土，芽鞘即变褐腐烂。轻者幼苗虽可出土，但茎基部、叶鞘以及根部产生褐色病斑，幼苗瘦弱，叶色黄绿，生长不良，甚至死亡。幼苗近地面的叶片上，散生圆形或不规则褐色病斑，上生黑色霉状物（分生孢子梗及分生孢子），严重时叶片提早枯死。叶鞘上为黄褐色，边缘有不明显的云状斑块，湿度大，病部亦生黑色霉状物。

成株期受害容易发生根腐和茎腐，植株茎基部折断枯死，枯死株青灰色，白穗不结实，拔取病株可见根表皮脱落，根冠部变黑并黏附土粒。成株期叶片上初生水浸状小点，逐步变黑、扩大形成梭形、长椭圆形或不规则形病斑。病斑中央浅绿色或枯黄色，常有褪绿晕圈。病斑两侧产生黑色霉层，即病原菌的分生孢子梗和分生孢子。叶片上多数病斑相互连接，可导致叶枯。叶鞘上的病斑呈不规则形，浅黄或黄褐色，周围色泽略深，或边缘不清楚。严重时，整个叶鞘连同叶片枯死。穗部从灌浆期开始出现症状，在颖壳上形成褐色不规则形病斑，穗轴及小穗梗亦变色，潮湿情况下长出一层黑色霉状物（分生孢子梗及分生孢子）。重者形成整个小穗枯死，不结粒，或结干瘪皱缩的病粒。一般枯死小穗上黑色霉层明显。

籽粒被侵染后在种皮上形成不规则病斑，尤其边缘黑褐色、中部浅褐色的长条形或梭形病斑较多。发生严重时胚部变黑，故有

“黑胚病”之称。

病原为禾旋孢腔菌，属子囊菌亚门旋孢腔菌属。菌丝体发育最适温度24~28℃。分生孢子在水滴中或在空气相对湿度98%以上，只要温度适宜即可萌发侵染。根腐病菌寄主范围很广。除为害小麦外，尚能为害大麦、燕麦、黑麦等禾本科作物和野稗、野黍、猫尾草、狗尾草等30多种禾本科杂草。

（二）发生规律

该病原菌以菌丝体潜伏于种子内外和病株残体上越夏、越冬。带菌土壤和种子是苗期发病的主要初侵染来源。越冬后，病残体中潜伏菌丝体新产生的孢子、越冬分生孢子和幼苗病部产生的分生孢子是叶部发病的侵染来源。植株地上部病部产生的分生孢子可借风雨传播，直接侵入或由伤口和气孔侵入。在25℃下病害潜育期为5天。气候潮湿和温度适合，发病后不久病斑上便产生分生孢子，进行多次再侵染。小麦抽穗后，分生孢子从小穗颖壳基部侵入而造成颖壳变褐枯死。颖片上的菌丝可以蔓延侵染种子，种子上产生病斑或形成黑胚粒。

小麦根腐病的流行取决于品种抗性、气候条件和栽培管理等。种植感病品种是该病普遍发生并日趋严重的主要原因，气象条件直接影响发病程度和症状类型。地温高于15℃，有利于根腐病的发生；土壤过湿，不利于幼苗生长，发病重。成株期发病的主要原因是气温，其次是湿度，小麦开花期间平均气温在18℃以上、相对湿度80%以上时，根腐病发生较重。如生育后期高温多雨，易发生大流行。

（三）防治方法

防治根腐病应以选用抗病品种为主的综合防治措施，但当前由

于缺乏抗病品种，应特别注重农业防治和药剂防治。

1. 农业防治

（1）合理轮作。与非寄主作物轮作 1~2 年，可有效地减少土壤菌量。

（2）减少越冬菌源。麦收后翻耕，加速病残体腐烂，以减少菌源。

（3）加强田间管理。播前精细整地，施足基肥，适时播种，覆土不可过厚，促进出苗，培育壮苗。防冻、防旱，增施速效肥，以增强植株抗病性和病株的生长能力。

2. 药剂防治

包括药剂拌种和成株期喷药防治。

（1）种子消毒。用 50%多菌灵可湿性粉剂 40 克，或用 15%三唑酮可湿性粉剂 20 克，兑水 700 毫升，拌种 10 千克。用 2. 5%适乐时悬浮种衣剂按 1：500（药：种）比例进行包衣，对苗期小麦根腐病也有较好防治效果。

（2）返青期防治。每亩用 12. 5%烯唑醇可湿性粉剂 50 克，或用 15%三唑酮可湿性粉剂 200 克，或用 50%多菌灵可湿性粉剂 500 克，兑水 50~70 千克浇灌茎基部。

（3）穗期防治。每亩用 50%多菌灵可湿性粉剂 100 克、70%甲基硫菌灵可湿性粉剂 100 克、25%敌力脱乳油 40 毫升，或用 25%三唑酮可湿性粉剂 100 克，兑水 50~70 千克喷雾，控制发病。

五、纹枯病

（一）发病症状

小麦各生育时期均可受害，造成烂芽、病苗死苗、花秆烂茎、倒伏、枯孕穗等多种症状。

（1）烂芽。种子发芽后，芽鞘受侵染变褐，继而烂芽枯死，不能出苗。

（2）病苗死苗。主要在小麦3~4叶期发生，在第一叶鞘上呈现中央灰白、边缘褐色的病斑，严重时因抽不出新叶而造成死苗。

（3）花秆烂茎。返青拔节后，病斑最早出现在下部叶鞘上，产生中部灰白色、边缘浅褐色的云纹状病斑。条件适宜时在茎秆上出现近椭圆形的“眼斑”。田间湿度大时，病叶鞘内侧及茎秆上可见蛛丝状白色的菌丝体，以及黄褐色的菌核。

（4）倒伏。由于茎部腐烂，后期极易造成倒伏。

（5）枯孕穗。发病严重的主茎和大分蘖常抽不出穗，形成“枯孕穗”或“枯白穗”。此时若田间湿度较大，病植株下部可见大量油菜籽状的菌核。

小麦纹枯病菌除侵染小麦外，对大麦也表现强致病力；还能侵染玉米、水稻，但致病力不及对小麦强，对大豆和棉花不致病。

（二）发生规律

小麦纹枯病菌以菌核在土壤中或以菌丝在土壤或病残体中越夏、越冬，秋苗期和返青期都可发生侵染，是典型的土传病害。带菌土壤、带菌粪肥、农事操作均传播病害。

侵染与发病：病菌从根部伤口侵入。冬麦区小麦纹枯病在田间的发生过程可分为以下5个阶段：冬前发病期（主要侵染近地面的叶鞘，形成白穗）、越冬静止期（病菌随麦苗越冬）、病情回升期（分蘖末期至拔节期，此时病情严重程度不高，多为1~2级）、发病高峰期（一般发生在4月上中旬至5月上旬，即拔节后期至孕穗期）和病情稳定期（抽穗以后，茎秆变硬，病情基本稳定，病株上产生菌核而后落入土壤，重病株因失水枯死，田间出

现枯孕穗和枯白穗）。

再侵染：小麦纹枯病靠病部产生的菌丝向周围蔓延扩展引起再侵染。田间发病有两个侵染高峰，第一个是在冬前秋苗期；第二个则是在春季小麦的返青至拔节期。

近几年，小麦纹枯病发生渐趋严重，其主要原因是推广的品种严重感病。另外，氮肥施用量不断提高和连作麦田杂草增多，也是重要的发病诱因。

（三）防治方法

1. 农业措施

选用抗病和耐病品种；提高整地质量，适期晚播，合理密植，避免田间密度过大；增施有机肥，平衡施用磷、钾肥，提高植株抗病能力。

2. 种子处理

用2.5%咯菌腈悬浮种衣剂15~20毫升，或用2%戊唑醇拌种剂10~15克，或用5%井冈霉素水剂60~80毫升，兑水700毫升，拌种10千克。

3. 药剂防治

早期小麦纹枯病横向侵染期（拔节前），可结合春季化学除草加入烯唑醇等农药，达到除草和控制纹枯病、根腐病等双重效果。纹枯病纵向侵染期（拔节后），当田间病株率达15%时可亩用12.5%烯唑醇可湿性粉剂20~30克，或用20%三唑酮可湿性粉剂50~100克，或用20%井冈霉素·蜡质芽孢杆菌（纹霉清）悬浮剂60~100毫升，或用70%甲基硫菌灵1 000倍液（或50%多菌灵

600倍液）+12.5%烯唑醇8 000倍液均匀喷雾防治。如使用手压式喷雾器要适当加大用水量（一般亩喷施药液量不少于30千克），将药液喷淋到小麦茎基部的发病部位，确保防治效果。根据气候情况一般间隔7~10天施药1次，防治1~2次。

六、叶锈病

（一）发病症状

小麦叶锈病主要为害小麦叶片，产生疱疹状病斑，很少为害叶鞘和茎秆。夏孢子堆圆形至长椭圆形，橘红色，比秆锈病小，较条锈病大，呈不规则散生。在初生夏孢子堆周围有时产生数个次生夏孢子堆，一般多发生在叶片的正面，少数可穿透叶片。成熟后表皮开裂一圈，散出橘黄色的夏孢子。冬孢子堆主要在叶片背面和叶鞘上，圆形或长椭圆形，黑色、扁平，排列散乱，但成熟时不破裂，有别于秆锈病和条锈病。

（二）发生规律

叶锈病菌在华北的自生麦苗和晚熟春麦上以夏孢子连续侵染的方式越夏，秋季就近侵染秋苗，并向邻近地区传播。该菌夏孢子萌发后产生芽管，从叶片气孔侵入，气温20~25℃时，经6天潜育，在叶面上产生夏孢子堆和夏孢子，进行多次重复侵染。秋苗发病后，病菌以菌丝体潜伏在叶片内或少量夏孢子越冬，在冬季温暖地区，病菌不断传播蔓延。小麦播种早、出苗早的发病重。

（三）防治方法

主要靠种植抗病品种，辅之以药剂防治和栽培防治。

1. 种植抗病品种

近年选育的抗叶锈病小麦品种有京东 1 号、京东 8 号、豫麦 39、冀麦 48、冀麦 40、冀 92-3235、6021 新系等。

2. 药剂防治

用 25%三唑酮可湿性粉剂 15 克拌麦种 150 千克，或用 12.5%特谱唑可湿性粉剂 60~80 克拌麦种 50 千克，拌药种子力求当天播完，严格掌握用药量。使用 15%保丰 1 号种衣剂（活性成分为三唑酮、多菌灵、辛硫磷），对种子包衣后自动固化成膜状，播后形成保护圈，且持效期长。用量每千克种子用 4 克包衣剂，防治小麦叶锈病、白粉病、全蚀病效果优异，且可兼治地下害虫。喷雾防治于发病初期用 20%三唑酮乳油 1 000 倍液，可兼治条锈病、秆锈病和白粉病，隔 10~20 天喷 1 次，防治 1~2 次。也可选用禾果利、腈菌唑、戊唑醇、苯醚甲环唑、氟硅唑等，按照标签说明用药量喷雾。

3. 加强栽培管理

适期播种，消灭杂草和自生麦苗，雨季及时排水，防止湿气滞留。

七、散黑穗病

（一）发病症状

主要在穗部发生，病穗比健穗较早抽出。最初病小穗外面包一层灰色薄膜，成熟后破裂，散出黑粉（病菌的厚垣孢子），黑粉吹散后，只残留裸露的穗轴。病穗上的小穗全部被毁或部分被毁，仅上部残留少数健康小穗。一般主茎、分蘖都出现病穗，但在抗病品种上有的分蘖不发病。小麦同时受腥黑穗病菌和散黑穗病菌侵染时，病穗上部出现腥黑穗，下部为散黑穗。散黑穗偶尔也侵害叶片和茎秆，在其上长出条状黑色孢子堆。

（二）发生规律

散黑穗病是花器侵染病害，一年只侵染1次。带菌种子是病害传播的唯一途径。病菌以菌丝潜伏在种子胚内，外表不显症状。当带菌种子萌发时，潜伏的菌丝也开始萌发，随着小麦生长发育经生长点向上发展，侵入穗原基。孕穗时，菌丝体迅速发展，使麦穗变为黑粉。厚垣孢子随风落在扬花期的健穗上，落在湿润的柱头上萌发产生先菌丝，先菌丝产生4个细胞分别生出丝状结合管，异性结合后形成双核侵染丝侵入子房，在胚珠未硬化前进入胚珠，潜伏其中，种子成熟时，菌丝胞膜略加厚，在其中休眠，翌年发病，并进行第二次侵染循环。

小麦散黑穗发生轻重与上一年的种子带菌量和扬花期的相对湿度有密切关系，小麦在抽穗扬花期间相对湿度为58%~85%，病原充足，可导致病害大流行。反之，气候干燥、种子带菌率低，翌年发病就轻。

（三）防治方法

1. 农业防治

抽穗初期要及时拔除病株，带出田外烧毁或深埋，防止穗部病菌传播。发病麦田及邻近地块所产的小麦均不得作种子使用。

2. 温汤浸种

分变温浸种和恒温浸种两种。变温浸种是先将麦种用冷水预浸

4~6小时，捞出后用52~55℃温水浸泡1~2分钟，使种子温度升到50℃，再捞出放入56℃温水中，使水温降至55℃后再浸5分钟，随即迅速捞出经冷水冷却后晾干播种。恒温浸种是把种子置于50℃热水中，立刻搅拌，使水温迅速稳定至45℃，浸3小时后捞出，移入冷水中冷却，晾干后播种。

3. *石灰水浸种*

用优质生石灰0.5千克，溶在50千克水中，滤去滓后浸泡选好的麦种30千克，要求水面高出种子10~15厘米，种子厚度不超过66厘米。浸泡时间，气温20℃时3~5天，气温25℃时2~3天，30℃时1天即可，浸种后不再用清水冲洗，摊开晾干后即可播种。

4. *药剂拌种*

用2%戊唑醇湿拌种剂10~15克，或用3%敌萎丹悬浮种衣剂20~40毫升，或用12.5%禾果利可湿性粉剂10~15克，兑水700毫升，拌种10千克。或用40%拌种双可湿性粉剂0.1千克，拌种50千克，或用50%多菌灵可湿性粉剂0.1千克，兑水5千克，拌种50千克，拌后堆闷6小时，可兼治腥黑穗病。

八、黑胚病

小麦黑胚病又叫黑点病，是一种小麦籽粒胚部或其他部分变色的一种病害。小麦黑胚病在我国原是小麦上一种不引人注意的病害，但近年来随着品种更替和水肥条件的改善，华北麦区有逐年加重趋势。

（一）发病症状

小麦黑胚病主要为害小麦籽粒，其典型症状是在籽粒胚部或其周围出现深褐色至黑色斑点，故又称黑点病。有时病籽粒上出现多个眼睛状病斑，即浅褐色至深褐色环斑，中央为圆形或椭圆形，灰白色。

不同病原菌侵染小麦籽粒引起的黑胚病症状有所差异。链格孢菌侵染引起的症状通常是在籽粒胚部或其周围出现深褐色的斑点，这种褐色斑或黑斑代表典型的“黑胚”症状。其籽粒一般饱满，大小和形状正常。麦根腐蠕孢侵染引起的症状是籽粒带有浅褐色不连续斑痕，其中央为圆形或椭圆形。这种眼睛状斑大多位于籽粒中间或远离种胚，而很少靠近另一端。在大多数情况下单个籽粒可见多个斑痕，通常这些斑痕连接占据较大的籽粒表面，严重时籽粒全部变成黑褐色。镰孢菌侵染引起的症状是籽粒产生灰白色或带浅粉红色凹陷斑痕。籽粒一般干瘪，表面长有菌丝体。

此外，植株叶片和茎秆均可受侵染，叶片上病斑呈椭圆形或梭形，黄褐色至褐色，也可引起茎基变褐腐烂等症状，上述症状均为麦根腐平脐蠕孢侵染所致。

（二）防治方法

（1）利用抗病品种。培育和利用抗病品种是最经济有效的防治措施，小麦品种间对黑胚病的抗性有明显差异，这为抗病品种的培育和利用提供了可行性。

（2）栽培措施。合理施用水肥，保证小麦植株健壮不早衰，提高小麦植株的抗病性；小麦成熟后及时收获等，都可减轻病害。

（3）药剂防治。在小麦灌浆初期用杀菌剂喷雾可有效控制黑胚病为害。可选择烯唑醇、腈菌唑和戊唑醇，在小麦灌浆期进行喷雾防治。

九、丝核菌根腐病

（一）发病症状

主要为害小麦的根部和茎基部。苗期引起根系及茎基部发病部位变褐坏死，地上部叶片边缘出现黄褐色云纹状斑，可致田间大量死苗。

（二）防治方法

（1）实行大面积轮作。采用高垄或高畦栽培，认真平整土地，防止大水漫灌和雨后积水。

（2）苗期注意松土，增加土壤通透性。适期播种，不宜过早。

十、壳针孢叶枯病

小麦壳针孢叶枯病别名小麦斑枯病，是一个世界性的病害，已有 50 多个国家发现有该病的为害。在我国各主要小麦区均有发生，局部地区发生普遍，为害严重。此病主要为害小麦和黑麦。受害小麦，籽粒皱缩，出粉率低。

（一）发病症状

主要为害叶片、叶鞘，也为害茎部和穗部。小麦拔节至抽穗期开始发病，叶脉间最初出现淡绿色至黄色纺锤形病斑，以后逐渐扩展并相互愈合成不规则形淡褐色大斑块，上面散生黑色小点，即病菌的分生孢子器。有时病斑呈黄色并连成条纹状，叶脉为黄绿色，乍看如黄矮病，但其条纹边缘为波浪形，且贯通全叶。严重时黄叶部分呈水渍状长条，并左右扩展，使叶片变成枯白色，上生小黑点（分生孢子器）。病叶一般从下部叶片开始向上发展，病斑从叶鞘向茎秆部扩展，并侵染穗部颖壳使其变为枯白色。病叶有时很快变黄、变薄、下垂，但不很快枯死。有的病叶病斑不大，但叶尖全部干枯，而后逐渐扩展。

（二）防治方法

（1）选用抗（耐）病品种，各地可因地制宜地选择使用。

（2）清除病残体，深耕灭茬。消除田间自生苗，减少越冬（夏）菌源。冬麦适时晚播。使用充分腐熟有机肥，增施磷、钾肥，采用平衡施肥技术。重病田应实行3年以上轮作。

（3）药剂防治。在小麦分蘖前期和扬花期用70%甲基硫菌灵可湿性粉剂800~1 000倍液或50%多菌灵可湿性粉剂600~800倍液、25%苯菌灵乳油800倍液、75%百菌清可湿性粉剂500~600倍液、70%代森锰锌可湿性粉剂400~600倍液喷洒防治。

十一、黄斑叶枯病

小麦黄斑叶枯病别名小麦黄斑病，在全国各麦区均有发生，除寄生小麦外，还可以寄生大麦、黑麦、燕麦以及冰草、雀麦等50余种禾本科草。

（一）发病症状

该病主要为害叶片，可单独形成黄斑，有时与其他叶斑病混合发生。叶片染病初生黄褐色斑点，后扩展为椭圆形至纺锤形大斑，大小（7~30）毫米×（1~6）毫米，病斑中央色深，有不大明显的轮纹，边缘边界不明显，外围生黄色晕圈，后期病斑融合，致叶片变黄干枯，各麦区均有发生，为害严重。

（二）防治方法

（1）选用抗耐病品种和无病种子。

（2）提倡与非寄主植物进行轮作；合理密植，提高播种质量。

（3）加强田间管理。秋翻灭茬，加快土壤中病残体分解，减轻苗期发病；合理灌水，控制田间湿度。

（4）药剂防治。当初穗期小麦中下部叶片开始发病，且多雨时，喷洒70%代森锰锌或50%福美双可湿性粉剂500倍液或20%三唑酮乳油可湿性粉剂2 000倍液、25%敌力脱乳油2 000~4 000倍液。

十二、根腐叶枯病

（一）发病症状

叶上病斑较小，褐色，梭形或椭圆形，大小（3~5）毫米×（1~2）毫米。病斑两面都可产生橄榄色霉层，穗上亦可发病，初呈水浸状病斑，类似赤霉病初期症状，后期在发病小穗上产生浓厚黑色霉层，并引起麦粒胚部变黑成为黑胚粒。

（二）防治方法

防治方法参考小麦黄斑叶枯病。

十三、眼斑病

小麦眼斑病又名茎裂病，能寄生小麦、大麦、黑麦、燕麦等多种麦类作物及其他禾本科植物。

（一）发病症状

主要为害距地面15~20厘米植株基部的叶鞘和茎秆，病部产生典型的眼状病斑，病斑初浅黄色，具褐色边缘，后中间变为黑色，长4厘米，上生黑色虫屎状物。病情严重时病斑常穿透叶鞘，扩展到茎秆上，严重时形成白穗或茎秆折断。

(二) 防治方法

(1) 与非禾本科作物进行轮作。

(2) 收获后及时清除病残体和耕翻土地，促进病残体迅速分解。

(3) 适当密植，避免早播，雨后及时排水，防止湿气滞留。

(4) 必要时在发病初期开始喷洒 36%甲基硫菌灵悬浮剂 500 倍液或 50%苯菌灵可湿性粉剂 1 500 倍液。

十四、白绢病

此病流行成灾时，常导致小麦后期大面积成片枯死，严重影响小麦产量。

(一) 发病症状

小麦茎基部受侵染后，初呈褐色软腐状，地上部根茎处出现白色绢状菌丝（故称白绢病)，并有油菜籽状菌核，茎叶变黄，逐渐枯死。该病菌在高温高湿条件下开始萌动，侵染发生，沙质土壤、连续重茬、密度过大不通风、阴雨天发生较重。

(二) 防治方法

(1) 合理轮作。病株率达到 10%的地块就应该实行轮作，一般实行 2~3 年轮作，重病地块轮作 3 年以上，以花生与禾谷类作物轮作为宜。

(2) 深翻改土，加强田间管理。清除病残枝，收获后深翻土地冻垡，减少田间越冬菌源，播种后做到“三沟”配套，下雨后及时排出地中积水。

（3）药剂防治。发病初期喷20%三唑酮乳油1 000倍液防治，发病期还可用三唑酮、根腐灵、硫菌灵等药剂灌根，防治效果非常明显。

十五、颖枯病

小麦颖枯病在世界50多个国家有分布，给有关国家的小麦生产带来巨大损失。小麦颖枯病在我国冬、春麦区均有发生，以北方春麦区发生较重。一般叶片受害率为50%~98%，颖壳受害率为10%~80%。目前，国内发现此病只为害小麦。受害植株，穗粒数减少，好粒皱缩干秕，出粉率降低，早期受害还可影响成穗率。20世纪70年代以来，该病在中国局部地区零星发生，且往往与根腐叶斑病、叶斑病等叶枯性病害混合发生，未引起注意。近几年来，随着小麦高水肥栽培及半矮秆、抗锈小麦的大面积推广，小麦颖枯病的发生和为害趋于严重。

（一）发病症状

小麦从种子萌发至成熟期均可受颖枯病为害，但主要发生在小麦穗部和茎秆上，叶片和叶鞘也可被害。穗部受害，初在颖壳上产生深褐色斑点，后变枯白色，扩展到整个颖壳，并在其上长满菌丝和小黑点分生孢子器，病重的不能结实。叶片上病斑初为长椭圆形、淡褐色小点，后逐渐扩大成不规则形病斑，边缘有淡黄色晕圈，中间灰白色，其上密生小黑点。有的叶片受侵染后无明显病斑，而全叶或叶的大部分变黄；剑叶被害多卷曲枯死。茎节受害呈褐色病斑，其上也生细小黑点。病菌能侵入导管，将导管堵塞，使节部发生畸变、弯曲，上部茎秆变灰褐色而折断枯死。

（二）防治方法

（1）选用无病种子。颖枯病病田小麦不可留种。

（2）清除病残体，麦收后深耕灭茬。消灭自生麦苗，压低越夏、越冬菌源。实行2年以上轮作。春麦适时早播，施用充分腐熟有机肥，增施磷、钾肥，采用配方施肥技术，增强植株抗病力。

（3）药剂防治。种子处理用50%多福混合粉（多菌灵与福美双为1∶500倍液；浸种48小时或50%多菌灵可湿性粉剂）、70%甲基硫菌灵可湿性粉剂、40%拌种双可湿性粉剂，按种子重量的0.2%拌种。

重病区，在小麦抽穗期喷洒70%代森锰锌可湿性粉剂600倍液或用75%百菌清可湿性粉剂800~1 000倍液和25%丙环唑乳油2 000倍液，隔15~20天喷1次，喷1~3次。

十六、煤污病

（一）发病症状

小麦植株上产生一层煤灰是由煤污病引起的。煤污病又称煤烟病，对小麦叶片、麦穗、茎秆都可为害。发病初期，病部出现许多散生的暗褐色至黑色辐射状霉斑。这种霉斑有时相连成片，形成煤污状的黑霉。黑霉只存在于植株的表层，用手就能轻轻擦去。为害严重时，小麦整株和成片污黑，影响了植株的生长。

（二）防治方法

（1）加强栽培管理。植株不可过密，改善通风透光条件，切忌环境阴湿，控制病菌滋生。

（2）虫害防治。积极防治蚜虫，可有效减轻病害发生。

十七、麦角病

（一）发病症状

主要为害穗部，产生菌核，造成小穗不实而减产。被侵染的小花在开花期分泌黄色露状黏液（含有大量分生孢子），子房逐渐膨大，但不结麦粒，而是形成病原菌的菌核露出颖壳外。菌核紫黑色，麦粒状、刺状或角状，依寄主种类而不同。

（二）防治方法

（1）清选种子，汰除菌核。与玉米、豆类、高粱等非寄主作物轮作1年。

（2）病田深耕，将菌核翻埋于下层土壤，距地表至少4厘米以上。

（3）早期清除田间、地边的禾本科杂草，减少潜在菌源。

十八、黑颖病

小麦黑颖病分布在我国北方麦区。

（一）发病症状

主要为害小麦叶片、叶鞘、穗部、颖片及麦芒。

染病穗上病部为褐色至黑色的条斑，多个病斑融合在一起后颖片变黑发亮。颖片染病后引起种子感染。致病种子皱缩或不饱满。发病轻的种子颜色变深。叶片染病初呈水渍状小点，渐沿叶脉向上、下扩展为黄褐色条状斑。穗轴、茎秆染病产生黑褐色长条状斑。湿度大时，以上病部均产生黄色细菌脓液。

（二）防治方法

（1）建立无病留种田，选用抗病品种。

（2）种子处理。采用防治小麦散黑穗病变温浸种法，28～32℃浸4小时，再在53℃水中浸7分钟。

（3）发病初期开始喷洒新植霉素4 000倍液。

十九、条锈病

（一）发病症状

麦类条锈病主要发生在叶片上，也为害叶鞘、茎、颖壳和芒，生成鲜黄色的椭圆形疱斑，称为“夏孢子堆”，内藏粉末状夏孢子。在成株叶片上，夏孢子堆沿叶脉排列成行，呈“虚线”状，覆盖夏孢子堆的表皮开裂不明显。在生长末期，夏孢子堆附近出现冬孢子堆。冬孢子堆较小，狭长形，黑色，成行排列，覆盖孢子堆的表皮不破裂。幼苗叶片上的夏孢子堆多散生，但有时呈特殊的环状排列。抗病性不同的品种，症状明显不同。免疫品种无症状，近免疫品种叶片上出现小型褪绿枯斑；抗病品种上的夏孢子堆小，周围叶组织枯死或显著褪绿；感病品种的夏孢子堆大，周围无明显变化。

（二）防治方法

（1）种植抗病品种。依据病原菌小种监测结果，实行品种合理布局，延长抗病品种的使用年限。

（2）综合治理条锈菌越夏地区，减少越夏菌源。

（3）用杀菌剂三唑酮大面积连片拌种，压低条锈菌冬前的菌源。

(4) 发病初期喷施三唑酮或其他三唑类杀菌剂药液，后者常见的有烯唑醇、戊唑醇、氟环唑、丙环唑、腈菌唑等。

二十、雪霉叶枯病

(一) 发病症状

麦类雪霉叶枯病于苗期和成株都可发生，出现多种症状，而以叶斑和叶枯最常见。种子萌发至出苗后发生芽腐和苗枯。幼芽腐烂变色，水浸状溃烂。病苗矮小衰弱，基部叶鞘褐变坏死，叶片腐烂或变黄枯死。枯死苗表面生有白色菌丝层，有时呈污红色。

成株叶片上产生椭圆形大斑，发生在叶片边缘的多为半圆形。多数病斑长 2~3 厘米，边缘为灰绿色，中部为污绿色、污褐色，由于浸润性地向周围扩展，常形成数层不太明显的轮纹。潮湿时，病斑表面产生砖红色霉层，有时病斑边缘还有白色菌丝薄层。后期病斑上可能生出微细的黑色颗粒状物，成行排列，这是病原菌的子囊壳。

成株还发生茎基腐、鞘腐和穗腐。成株茎基部 1~2 节叶鞘变褐腐烂，茎秆产生长条形褐色病斑。后期病部可能生出黑色小粒点(子囊壳)。抽穗后，植株上位的叶鞘多从与叶片连接处开始变褐腐烂，并进一步向叶片基部和叶鞘中下部扩展。鞘腐部分多无明显的边缘，潮湿时产生稀薄的红色霉状物。病株部分小穗或全穗腐烂枯死。病小穗颖壳上生褐色水浸状斑块和红色霉状物。病粒皱缩，有的变为褐色，表面有污白色菌丝体。穗颈和穗轴也变褐腐烂，穗腐症状与赤霉病相似。

(二) 防治方法

(1) 播种无病种子或用杀菌剂处理的种子。

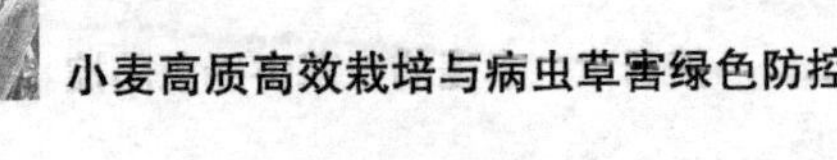

(2) 合理密植，适时、适量播种；种植分蘖性强的矮秆品种时，特别要控制播种量。

(3) 增施基肥，氮、磷肥搭配，施足种肥，控制追肥；切忌速效氮肥施用过量、过晚。

(4) 冬灌饱和的麦田，早春耙耱保墒；若需春灌，也应避免连续灌溉和大水漫灌。

(5) 低湿、高肥、密植的田块应喷施杀菌剂，有效药剂有多菌灵、甲基硫菌灵、三唑酮等。

二十一、秆锈病

(一) 发病症状

麦类秆锈病主要发生在叶鞘和茎秆上，也生于叶片和穗上。夏孢子堆大，褐色，长椭圆形至长方形，隆起较高，不规则散生，易穿透叶片，可相互愈合。覆盖孢子堆的寄主表皮大片开裂，常向两侧翻卷。冬孢子堆也较大，长椭圆形至狭长形，黑色，无规则散生，表皮破裂，卷起。

(二) 防治方法

栽培抗病品种和施用三唑类杀菌剂。

二十二、黄矮病

(一) 发病症状

小麦病株节间缩短，植株矮小。叶片失绿变黄（少数品种变为紫红色），并且多由叶尖或叶缘开始变色，向基部扩展，叶片中下部出现黄绿相间的纵纹。小麦幼苗期被侵染的，叶片由叶尖开始

变黄，向基部发展，但很少全叶黄化。病叶较厚、较硬，叶背蜡质较多，多在冬季死亡，残存病株严重矮化。拔节期被侵染的植株，只有中部以上叶片发病，病叶也是先从叶尖开始变黄，通常变黄部分仅达叶片的1/3~1/2处，病叶为亮黄色，变厚、变硬。有的病叶叶脉仍为绿色，因而出现黄绿相间的条纹。穗期被侵染的仅旗叶或连同旗叶下1~2片叶也发病变黄，病叶由上向下发展，植株不矮化。

大麦、黑麦的症状与小麦相似。叶片由尖端开始变黄，以后整个叶片黄化，沿中肋残留绿色条纹，老病叶变黄而有光泽。黄化部分可有褐色坏死斑点。某些品种叶片变为红色或紫色。成株被侵染，仅主茎最上部叶片变黄。早期病株显著矮化。

燕麦的症状因品种、病毒株系而异，病叶变为黄色、红色或紫色。许多品种的叶片变为红色，被称为“燕麦红叶病”。病株上部叶片先表现病状，先自叶尖或叶缘开始，呈现紫红色或红色，逐渐向下扩展成红绿相间的条纹或斑驳，病叶变厚、变硬。后期叶片为橘红色，叶鞘为紫色，病株出现不同程度的矮化。

（二）防治方法

（1）栽培抗病、耐病、轻病品种。

（2）优化耕作制度和作物布局，减少冬麦、春麦混种，不间作套种玉米、高粱、粟、糜子等病毒或蚜虫的寄主作物，改种非寄主作物。

（3）及时清除田间的自生麦苗和禾本科杂草。

（4）麦种用有机磷杀虫剂拌种，生长期间喷施杀虫剂防治蚜虫。

二十三、白秆病

（一）发病症状

病株穗颈节和其下1~2节产生条斑。茎秆和包裹茎秆的叶鞘上多出现1~3条纵行条斑，宽2~5毫米。茎秆上的条斑为灰色或灰白色，叶鞘上的条斑为灰黄色至黄褐色，边缘为深褐色。叶片上则产生2~3个与叶脉平行的条斑，从叶片基部延伸到叶尖，暗褐色或黄白色。病重麦株茎叶枯黄，白穗。病原菌再侵染时，在叶片、叶鞘和茎秆上形成局部病斑，圆形至椭圆形，灰白色或黄色，周缘为褐色。

（二）防治方法

（1）重病田、病残体较多的麦田、靠近打麦场的麦田应换种其他作物，实行轮作。

（2）病田要深耕，翻埋或清除病残体。

（3）要选育和栽培抗病品种，播种不带菌的健康种子；种子处理可用三唑酮或多菌灵拌种；温汤浸种时可用52~53℃热水，浸种7~10分钟，或用54℃热水浸种5分钟。

（4）在田间发病初期，喷施三唑酮、多菌灵或甲基硫菌灵等杀菌剂。

二十四、茎基腐病

（一）发病症状

小麦茎基腐病主要为害小麦的茎基部。小麦茎基部叶鞘受害后颜色渐变为暗褐色，无云纹状病斑，容易和小麦纹枯病相区别。随

病程发展，小麦茎基部节间受侵染变为淡褐色至深褐色，田间湿度大时，茎节处、节间生粉红色或白色霉层，茎秆易折断。病情发展后期，重病株提早枯死，形成白穗。逢多雨年份，和其他根腐病的枯白穗类似，枯白穗易腐生杂菌变黑。

（二）防治方法

（1）选用抗病、耐病品种。不同品种的小麦具有不同的茎基腐病抗病能力，应根据土壤水肥条件、播期、茬口安排、管理水平合理选择，避免选用不抗倒春寒的半春性及春性品种。

（2）土壤深耕。小麦播种前，深耕土壤30厘米，将表层病残体翻入深层，减少病原菌数量，同时可疏松土壤，有利于小麦生长，提高抗病能力。

（3）轮作换茬。在小麦种植过程中进行合理的轮作与倒茬可有效避免小麦茎基腐病的发生，可将小麦与油菜、棉花、豆类、蔬菜等双子叶作物进行轮作、倒茬，一般2~3年进行1次。

（4）控制小麦的播期与播量。在种植春性及半春性的小麦品种时可适当推迟播期，选择10月18—25日作为适宜播期，以减少冬前小麦茎基腐病病原菌侵染的机会。此外，防治小麦茎基腐病也能够通过合理控制小麦的播量来实现，可选择120~150千克/公顷作为适宜的小麦播种量，与此同时建立合理的群体进行壮苗培育。

（5）科学施肥与适时浇水。结合小麦种植区的地力水平，实行配方施肥，做到有机肥和化学肥料合理搭配、大量元素和中微量元素合理搭配、底肥和追肥合理分配、土壤施肥和叶面追肥有机结合，确保耕层内肥料均匀，合理施用氮、磷、钾及微肥促进麦苗健壮生长。同时根据小麦生长过程中的需水规律及生育进程，及时进行土壤水分的补充，也能够使小麦健壮生长。此外，在入冬前及入冬时进行合理的冬灌，可有效预防冻害。科学施肥与适时浇水能够增强小麦植株的抗病能力，从而达到防治小麦茎基腐病的目的。

（6）及时清除病株残体。对于零星发病麦田，可将患小麦茎基腐病的植株带出并进行集中销毁。对于发病严重的麦田，秸秆不能直接还田，应进行过腹还田或堆沤还田，从而减少土壤中的小麦茎基腐病病原菌数量。在小麦生长的中后期搞好“一喷三防”，促进小麦生长，增强其抗病能力。

二十五、条斑病

（一）发病症状

主要为害叶片，严重时也可为害叶鞘、茎秆、颖片和籽粒。发病初期，病部出现针尖大小的暗绿色小斑，后扩展为水浸状的半透明条斑，最后颜色变为深褐色。病部常出现露珠状的菌脓。

（二）防治方法

（1）种子处理。用45℃水恒温浸种3小时，或用1%生石灰水在30℃下浸种24小时，晾干后播种。也可用种子重量的0.2%40%拌种双可湿性粉剂拌种。

（2）农业防治。选用抗病、耐病品种。春麦要种植生长期适中或偏长的品种。适时播种，冬麦不宜过早，采用配方施肥技术。

（3）药剂防治。发病前或发病初期可用72%农用硫酸链霉素可溶性粉剂3 000倍液，或用70%敌磺钠可湿性粉剂2 000倍液，或用20%噻森铜乳油500倍液，每隔7～10天喷1次，共喷2～3次。

第二节　虫害绿色防控

一、吸浆虫

小麦吸浆虫属双翅目瘿蚊科，是一种毁灭性害虫。小麦吸浆虫有两种，即麦红吸浆虫和麦黄吸浆虫。麦红吸浆虫分布比较广泛，主要分布于低湿及沿河、沿江地区。麦黄吸浆虫主要分布于山区和丘陵地区。

（一）为害特点

小麦吸浆虫以幼虫潜伏在小麦颖壳内吸食正在灌浆的麦粒汁液，造成秕粒、空壳，一般减产20%～30%，重者达50%～70%，甚至绝产，应加强防治。

（二）发生规律

小麦吸浆虫一年发生1代。老熟幼虫在6～10厘米深的土壤中结圆茧越夏、越冬。翌年春季，雨水多时，越冬幼虫爬出茧外到表土结长茧或化蛹。蛹经过8～12天羽化为成虫出土，这时正值小麦抽穗期，成虫交配后很快就在麦穗上部产卵，经过5～6天，孵出幼虫，幼虫从小麦内颖和外颖的缝中侵入为害麦粒。

幼虫以刺吸式口器刺破正在灌浆的麦粒的种皮吸食汁液，幼虫在麦穗上的分布多集中在麦穗中部。老熟幼虫在麦壳内为害15～20天后，小麦成熟时如遇降雨就爬出麦壳，随雨水落地进入土中结茧越夏、越冬。无雨露时仍留在壳内，在碾麦时死亡。

由于小麦吸浆虫吸食正在灌浆的小麦籽粒，所以轻者使小麦秕粒，千粒重下降，重者成为空壳，颗粒无收。

小麦吸浆虫的发生与小麦品种、早春雨水多少及土壤特性有关。凡小穗松散、颖壳薄而松的有利于成虫产卵和幼虫侵入。凡小穗紧密、颖壳厚而坚硬，合得紧或抽穗整齐迅速的，均能减轻为害。小麦拔节抽穗期降雨多，对越夏幼虫的化蛹、羽化都有利，因此为害重。麦收前干旱，对幼虫入土越夏、越冬不利，翌年虫害即轻。沙土、黏土不利于幼虫生存，沙壤土土质松软，有保水和渗水能力，适合幼虫生长。此外，麦黄吸浆虫喜欢偏酸性的土壤，麦红吸浆虫喜欢偏碱性的土壤。

（三）防治方法

小麦吸浆虫的防治应贯彻“蛹期和成虫期防治并重，以蛹期防治为主”的指导思想。

1. 选用抗虫品种

在虫害发生严重的地区，应该注意选用那些穗型密、颖壳厚硬而且合得紧的品种。

2. 药剂防治

以春季药剂土壤处理为主，以成虫期扫残，因地制宜地采用相应的防治方法。小麦吸浆虫化蛹盛期和成虫羽化期对化学药剂最为敏感，此时正值小麦抽穗前3~5天（4月下旬），为中蛹盛期，也是防治适期。每亩用5%毒死蜱粉剂0.6~0.9千克，或用48%毒死蜱乳油200~250毫升，拌细沙土20~25千克配成毒（沙）土，顺麦垄均匀撒施地表，撒毒土前未浇水的及时浇水可提高药效。注意不要带露水撒药，要将粘在麦叶上的毒土及时用扫帚、树枝等扫落于地面。4月底至5月上旬小麦抽穗扬花期，吸浆虫开始羽化、产卵，当70%麦穗抽出、手扒麦株可见2~3头成虫，成虫开始产卵

时，可选用4.5%高效氯氰菊酯、50%辛硫磷1 500倍液，或与3%啶虫脒（10%吡虫啉）1 000倍液混配喷雾防治。

3. 农业防治措施

调整作物布局，实行轮作倒茬；麦收后浅耕暴晒2~3天，秋季深耕，压低虫口基数；合理施肥浇水，灌区小麦在冬灌后，不需春灌，可基本满足麦苗需求，又能抑制吸浆虫的发生，特别是3月至4月上旬，应严格控制浇水。麦田尽可能施足底肥，避免春季晚施氮肥，促进小麦生长，减轻为害。

二、麦蚜

麦蚜俗称油虫、腻虫、蜜虫，分布很广，世界各国均有发生，是小麦的主要害虫之一，我国各小麦主产区均有分布，干旱年份尤其严重。小麦蚜虫主要有4种：麦二叉蚜、麦长管蚜、麦无网长管蚜和禾谷缢管蚜，其中麦二叉蚜和麦长管蚜为优势种群。麦蚜除为害小麦外，还为害玉米、高粱、谷子以及一些禾本科杂草。

（一）麦长管蚜

1. 为害特点

麦长管蚜在小麦各生育阶段都可为害，蚜虫刺吸麦株叶片、叶鞘和嫩穗的汁液，但主要为害穗部。抽穗前多在上中部叶片上活动，受害叶片出现褐色斑点或斑块，俗称“蚜虫斑”。

2. 形态特征

麦长管蚜属于同翅目蚜科。田间常见无翅孤雌蚜和有翅孤雌蚜。

无翅孤雌蚜呈长卵形，草绿色至橙红色。头部略显灰色，复眼为鲜红色。触角细长，黑色。腹部两侧有不太明显的灰绿色斑。腹管为黑色，长圆筒形，长度为体长的1/4，端部有网纹。尾片呈长圆锥形。尾板末端呈圆形。足为浅绿色，腿节端部、胫节端部及跗节为黑色。

有翅孤雌蚜呈椭圆形，绿色。复眼为鲜红色。触角为黑色，与体等长。腹管呈长圆筒形，黑色，端部具横行网纹。尾片呈长圆锥状。前翅中脉3分叉。

3. 防治方法

（1）栽培抗麦蚜混合种群、抗黄矮病的品种。

（2）调整作物的布局，抑制蚜虫迁移和控制虫源。

（3）清除田间杂草与自生麦苗，减少麦蚜的适生地和越夏寄主。

（4）保护和利用蚜虫的自然天敌。

（5）搞好虫情监测，适时喷药防治，有效药剂有抗蚜威、吡虫啉、吡蚜酮、啶虫脒、高效氯氰菊酯等；要轮换使用不同有效成分的杀虫剂。

（二）麦二叉蚜

1. 为害特点

麦二叉蚜刺吸麦株叶片、叶鞘和嫩穗的汁液，主要发生在扬花期前，多在麦株中下部叶片背面为害。受害叶片出现黄色或褐色枯斑。

2. 形态特征

麦二叉蚜属于同翅目蚜科。田间常见无翅孤雌蚜和有翅孤雌蚜。

无翅孤雌蚜呈卵圆形，浅绿色，背中线为深绿色。复眼为漆黑色。触角大部分为黑色，为体长的2/3。腹管为浅黄绿色，短圆筒形，表面光滑，端部为黑色。尾片呈长圆锥形。尾板末端为圆形。

有翅孤雌蚜头、胸部为灰黑色，腹部为绿色，腹背中央有深绿色纵纹。触角大部分为黑色，6节，比体长略短。腹管呈圆筒形，除末端暗色外，其余为绿色。前翅中脉分两叉。

3. 防治方法

参见麦长管蚜的防治方法。

（三）禾谷缢管蚜

1. 为害特点

禾谷缢管蚜刺吸麦株叶片、叶鞘和嫩穗的汁液。春季先在麦苗下部叶鞘、叶背为害，孕穗以后转移到麦株上部和麦穗上繁殖为害。

2. 形态特征

禾谷缢管蚜属于同翅目蚜科。田间常见无翅孤雌蚜和有翅孤雌蚜。

无翅孤雌蚜呈宽卵形，橄榄绿至黑绿色，嵌有黄绿色纹，被有薄粉。复眼为黑色。触角有6节，黑色，长度约为体长的70%。腹管为黑色，长圆筒形，端部缢缩呈瓶颈状，有瓦纹，基部四周有锈色纹。尾片呈长圆锥形，中部收缩。

有翅孤雌蚜呈长卵形，头部、胸部为黑色，腹部为深绿色，腹部2~4节有大型缘斑，7~8腹节背中有横带，节间斑为黑色。触角长度短于体长。腹管呈圆筒形，黑色，短，端部缢缩，呈瓶颈状。

3. 防治方法

参见麦长管蚜的防治方法。

三、麦蜘蛛

麦蜘蛛属蛛形纲蜱螨。我国北方麦田主要有麦圆蜘蛛和麦长腿蜘蛛两种，麦圆蜘蛛分布在我国北纬29°~37°地区；麦长腿蜘蛛分布在北纬34°~43°地区，主要为害区在长城以南、黄河以北干旱、高温麦区。

（一）为害特点

以成虫和若虫吸食麦叶汁液，被害麦叶表面布满黄白色斑点，以后斑点合并成斑块，叶片发黄，麦株发育不良，植株矮小，严重时，全株干枯，麦田成片状枯黄，发生发展极为迅猛。

（二）发生规律

麦圆蜘蛛一年发生2~3代，麦长腿蜘蛛一年发生3~4代，均以成螨和卵在麦株根际及杂草丛中越冬，翌年2月下旬开始活动，3月下旬至4月上中旬为麦圆蜘蛛的为害盛期，4月下旬后逐渐消退。进入5月以后虫量很少，此时正值小麦孕穗和抽穗期，以卵越夏。10月中旬后越夏卵孵化，为害秋苗和杂草，最后以成螨和卵越冬。

麦圆蜘蛛喜阴湿，怕高温干旱，最适气温8~15℃，相对湿度80%以上。春季多阴雨发生重。在8—9时和16—17时活动为害，如气温低于8℃则很少活动，大风时多藏在麦丛下部。麦长腿蜘蛛

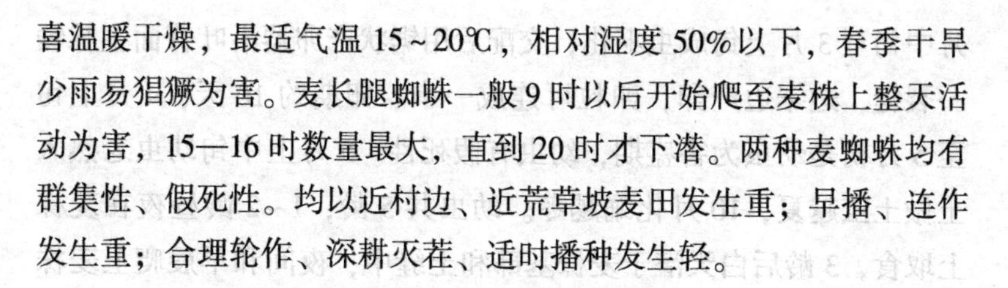

喜温暖干燥，最适气温15~20℃，相对湿度50%以下，春季干旱少雨易猖獗为害。麦长腿蜘蛛一般9时以后开始爬至麦株上整天活动为害，15—16时数量最大，直到20时才下潜。两种麦蜘蛛均有群集性、假死性。均以近村边、近荒草坡麦田发生重；旱播、连作发生重；合理轮作、深耕灭茬、适时播种发生轻。

（三）防治方法

小麦返青至拔节期是防治麦蜘蛛的关键时期。

1. 农业防治

结合灌溉灭虫，利用麦蜘蛛的假死性，灌水时使它陷入泥中死亡。同时适时灌水能促使小麦生长健壮，增加抗虫能力。

2. 药剂防治

麦田0.33米单行有虫200头时，可选用1.8%阿维菌素2 500倍液+20%哒螨灵1 500倍液喷雾，在晴朗暖和的天气均匀喷洒效果好。也可用5%阿维哒螨灵1 500~2 000倍液喷雾或1.8%齐螨素单独用药防治。

四、麦叶蜂

（一）为害特点

麦叶蜂属膜翅目叶蜂科，我国发生的主要有小麦叶蜂、黄麦叶蜂和大麦叶蜂3种，其中以小麦叶蜂分布广，为害大。麦叶蜂以幼虫咬食小麦叶片，把叶片咬成缺刻，严重时可将全部叶片吃光。

（二）发生规律

麦叶蜂一年1代，以蛹在20~24厘米的土层内越冬。翌年2

月中旬至3月上旬成虫羽化，交配后用锯状产卵器沿叶背面主脉锯一裂缝，边锯边产卵，卵粒可连成一串。卵期约10天，4月上旬至5月初是幼虫为害盛期，幼虫有假死性。5月上中旬幼虫老熟入土做土茧越夏，10月化蛹越冬。幼虫共5龄，1~2龄昼夜在麦株上取食，3龄后白天潜于麦株基部和土缝中，夜间和早晨爬上麦株为害。幼虫喜湿凉，怕干热，有避光性和假死性。

(三) 防治方法

1. 农业防治

播种前深耕，可将土体中休眠的幼虫翻出，使其不能正常化蛹，以至死亡。

2. 药剂防治

当麦田每平方米有低龄幼虫40头以上时进行药剂防治。可用2.5%溴氰菊酯4 000倍液喷雾，或用2.5%氯氟氰菊酯乳油20~30毫升，兑水50~60千克喷雾防治。

五、麦秆蝇

俗称小麦钻心虫、麦蛆。麦秆蝇主要为害小麦，也为害大麦和黑麦以及一些禾本科和莎草科的杂草。

(一) 为害特点

以幼虫为害，从叶鞘与茎间潜入，在幼嫩的心叶或穗节基部1/5或1/4处或近基部呈螺旋状向下蛀食幼嫩组织。因被害茎的生育期不同，可分以下几种情况。

(1) 分蘖拔节期。幼虫取食心叶基部与生长点，使心叶外露

部分干枯变黄，成为“枯心苗”。

（2）孕穗期。被害嫩穗及嫩穗节不能正常发育抽穗，到被害后期，嫩穗因组织破坏而腐烂，叶鞘外部有时呈黄褐色长形块状斑，形成烂穗。

（3）孕穗末期。幼虫入茎后潜入小穗为害小花，穗抽出后，被害小穗脱水失绿变为黄白色，形成“坏穗”。

（4）抽穗初期。幼虫取食穗基部尚未角质化的幼嫩组织，使外露的穗部脱水失绿干枯，变为黄白色，形成白穗。

（二）形态特征

雄成虫体长3.0~3.5毫米，雌虫3.7~4.5毫米，体为浅黄绿色，复眼黑色，胸部背面具3条黑色或深褐色纵纹，中间一条纵纹前宽后窄，直连后缘棱状部的末端，两侧的纵纹仅为中纵纹的一半或一多半，末端具分叉。触角黄色，小腮须黑色，基部黄色。足黄绿色，后足腿节膨大。卵长1毫米，纺锤形，白色，表面具纵纹10条。末龄幼虫体长6.0~6.5毫米，黄绿色或淡黄绿色，头端有一黑色口钩，呈蛆形。蛹属围蛹，黄绿色，雄体长4.3~4.7毫米，雌体长5.0~5.3毫米，蛹壳透明，可见复眼、胸、腹部等。

（三）发生规律

麦秆蝇一年发生的世代，因地而异，春麦区一年2代，以幼虫在杂草寄主及土缝中越冬。越冬代成虫6月初出现，随之产卵至6月中下旬，幼虫蛀入麦茎为害20天左右，7月上中旬化蛹。第2代幼虫转移至杂草寄主为害后越冬。冬麦区一年3~4代，以幼虫越冬。1、2代幼虫为害小麦，3代转移到自生麦苗上为害，4代又转移至秋苗为害，以4—5月为害最重。秋季为害后，老熟幼虫在为害处或野生寄主上越冬。成虫有趋光性，糖蜜对其诱引力也很强。成虫羽化后当日即可交尾，白天活动，晴朗天气活跃在麦株间，卵多产在第四或第五叶片的麦茎上，卵散产，一头雌虫平均可产卵20余粒，多者70~80粒。该虫产卵和幼虫孵化需较高湿度，小麦茎秆柔软、叶片较宽或毛少的品种，产卵率高，为害重。

（四）防治方法

1. 农业防治

（1）选用抗虫品种。选用一些穗紧密、芒长而带刺的小麦品种种植可以减轻麦秆蝇的为害。

（2）适时播种。尽可能早播种，加强水肥管理，促使小麦生长发育，早拔节。

（3）做好冬耕冬灌工作，提高越冬死亡率。

2. 药剂防治

（1）防治关键时期。应是小麦的拔节末期及幼虫大量孵化入茎的时期。

（2）选用2.5%敌百虫粉剂，每公顷用22.5~30.0千克。

六、麦茎叶甲

（一）为害特点

麦茎叶甲为害小麦和大麦。幼虫蛀入麦茎基部取食，造成枯心死苗或白穗。多雨阴湿时有虫株易腐烂，受害严重的地块可能绝收。

（二）形态特征

麦茎叶甲又名小麦钻心虫，属于鞘翅目叶甲科。成虫体色翠

绿，雄虫体长7~8毫米，雌虫体长8~9毫米。头前端黄褐色，复眼黑褐色。前胸背板黄褐色，其上横列3条相连接的黑褐色斑纹。鞘翅翠绿色，有光泽。足黄色，爪褐色。幼虫体长10~12毫米，幼龄时青灰色，老龄时黄褐色。头部、前胸背板和尾节臀板黑色，其余各节背面有3列褐色小斑。

（三）防治方法

（1）虫害严重的地块轮作非寄主作物。

（2）收获后或播种前麦田深耕灭卵，清除小蓟等田间杂草。

（3）发虫地块及时灌水，抑制为害。

（4）播前用辛硫磷拌种。

（5）幼虫期用敌百虫药液灌根。

（6）在成虫盛发期喷洒敌百虫、马拉硫磷或溴氰菊酯药液。

七、黏虫

（一）为害特点

黏虫是食叶性害虫，1~2龄幼虫聚集为害，在心叶或叶鞘中取食，只啃食叶肉，残留表皮形成半透明的小条斑。3龄后食量大增，开始食害叶片边缘，咬成不规则缺刻。5~6龄幼虫为暴食阶段，蚕食叶片，啃食穗轴，严重时能将叶片吃光，将穗咬断。

（二）形态特征

黏虫为鳞翅目夜蛾科害虫。成虫体为浅褐色，前翅中部有2个黄色圆斑，从翅顶至内缘末端1/3处有1条黑色斜纹，外缘有7个小黑斑，中室下角有1个小白点。幼虫头部为棕褐色，有“八”字形纹，体色多变，有黑绿色、黑褐色或浅黄绿色等。全身有5条纵行的暗色较宽条纹，腹足基节有阔三角形褐色斑。蛹体为红褐色。

（三）防治方法

（1）从成虫羽化初期开始，在田间设置糖醋液诱虫盆，插杨枝把或草把，或者安置杀虫灯诱杀成虫。

（2）在卵盛期，顺垄人工采卵，连续进行3~4遍。

（3）人工捕杀幼虫，或挖沟阻杀幼虫，防止迁移。

（4）在幼虫3龄前及时喷药，有效药剂有除虫脲、灭幼脲、敌百虫、马拉硫磷、辛硫磷、溴氰菊酯、氯虫·噻虫嗪（福戈）、甲维盐、阿维·氟酰胺、氯虫苯甲酰胺、噻虫·高氯氟等。

八、棉铃虫

（一）为害特点

幼虫钻入内、外颖之间，取食正在灌浆的麦粒。2龄前不取食表皮和内颖。3龄后食量增加，钻出颖壳在穗头上啃食，将表皮和内颖吃尽，留下外颖。在小麦生长后期也取食小麦叶片。

（二）形态特征

棉铃虫是夜蛾科害虫。雌蛾为赤褐色，雄蛾为灰绿色。前翅面纹、线较模糊，环形斑褐边，中央有1个褐点；肾状斑褐边，中央有1个深褐色的肾形斑点。外缘各脉间有小黑点。后翅为灰白色，脉纹褐色明显，沿外缘有黑褐色宽带，宽带中部有2个灰白斑。幼虫共6龄，头部为黄绿色或黄褐色，有不规则的网状纹。体色多变，有浅绿色、绿色、近红色、黄褐色、黑褐色等。体表密生长而尖的小刺。气门线为白色或黄白色，体背有多条细纵线，各腹节上

有刚毛瘤12个，刚毛较长。蛹呈纺锤形，赤褐色。

（三）防治方法

（1）减少棉花与小麦、玉米、油菜等间作、套作或插花种植。

（2）在小麦收割后成虫羽化前，中耕松土灭茬，消灭部分1代蛹。

（3）在幼虫3龄以前施药防治，常用药剂有辛硫磷、丙溴磷、丙溴·辛硫磷、氯氰·丙溴磷、氯氟氰菊酯、高效氯氰菊酯、辛·氟氯氰、茚虫威、硫双威、氟铃脲、氟虫脲、阿维菌素等。

（4）在卵高峰期至幼虫孵化盛期喷布苏云金杆菌制剂或棉铃虫核多角体病毒制剂。

九、小地老虎

（一）为害特点

小地老虎是地下害虫，寄主种类多。幼虫取食幼苗，1龄幼虫取食嫩叶，只吃叶肉，残留表皮和叶脉。2～3龄幼虫咬食叶片，造成孔洞或缺刻。4龄以后咬断幼根、幼茎、叶柄，可切断近地面的茎部，使整株枯死。5~6龄是暴食期。

（二）形态特征

小地老虎是鳞翅目夜蛾科害虫。成虫为灰黑色蛾子。前翅为暗褐色，有环状纹、肾状纹和楔状纹各1个，在肾状纹外侧有1个尖端向外的黑色箭状纹，亚外缘线内侧有2个尖端向内的箭状纹，3个箭状纹的尖端相对。静止时，前翅平披于背上。幼虫头部为黄褐色至暗褐色，体为深灰色、暗褐色，背面有暗色纵带。体表粗糙，密布黑色圆形小颗粒。腹部1～8节各节背面有2对毛片，前面1

对小而靠近，后面1对大而远离，4个毛片排列成梯形。臀板为黄褐色，有2条深色纵带。

（三）防治方法

（1）利用黑光灯、糖醋液和雌虫性诱剂等诱杀成虫；用泡桐树叶诱集幼虫。

（2）在幼苗出土前或幼虫1~2龄时，及时铲除田埂、路旁的杂草，防止幼虫转移到作物幼苗上。

（3）在幼虫3龄前，采用毒土法、毒饵法和喷雾法施药，常用的药剂为有机磷和菊酯类杀虫剂。

十、草地螟

（一）为害特点

初孵幼虫取食叶肉，残留表皮；3龄后进入暴食期，将叶片吃成缺刻，有的仅残留叶脉，严重时叶片可被吃光。

（二）形态特征

草地螟属于鳞翅目螟蛾科。成虫为暗褐色，前翅外缘有1条黄白色圆点连成的波纹，近中室有1个黄白色长方形斑，外缘近顶角处有近长三角形波形纹。后翅外缘内侧有2条平行的黑色云状波纹。幼虫为黄绿色、深绿色或墨绿色，头为黑色，有光泽，3龄后有明显白斑。前胸背板黑色，有3条黄色纵纹。背中线黑色，夹在2条白色条纹间，体节有毛片及刚毛，气门线两侧有2条黄绿色条纹，臀板为黑褐色。蛹为栗黄色；茧呈长筒形，土灰色。

(三) 防治方法

(1) 采取秋耕、耙耱、冬灌等措施消灭越冬虫源，治理荒地、草滩，破坏草地螟集中越冬场所；在越冬代成虫产卵期中耕除草，铲除作物地内、地边的杂草。

(2) 在1代幼虫化蛹期和2代幼虫入土结茧后，大面积深耕灭蛹、灭虫。

(3) 挖防虫沟隔离、阻止田外幼虫迁入；在发虫严重的农田、荒地、林地或草地周围设置药带或挖沟封锁，防止幼虫外迁。

(4) 在草地螟越冬代成虫重点发生区和常年外来虫源迁入区，安装高压汞灯或频振式杀虫灯，在成虫高峰期及时开灯诱杀成虫。

(5) 在幼虫3龄前喷药防治，常用的药剂为有机磷和菊酯类杀虫剂。

十一、麦蛾

(一) 为害特点

幼虫蛀食麦粒。初孵幼虫先蛀食颖壳，从胚部或种皮裂开处侵入，在粒内取食，粪便也堆积于籽粒内。老熟幼虫自内向外蛀食，造成孔道，仅留有透明种皮遮住孔道，成虫羽化后顶破种皮薄膜，钻出谷粒。

(二) 形态特征

麦蛾属于鳞翅目麦蛾科。成虫是灰褐色的小蛾子，体长5~6毫米，头、胸及足为银白色且微带浅黄褐色。头顶及颜面密布灰褐色鳞毛。触角呈线状。翅为灰白色，有光泽。前翅细长，端部颜色较深，外缘有长毛。后翅为灰色，翅顶延长变尖，从翅底到外缘有长毛。老熟幼虫体长5~6毫米，乳白色，头为黄褐色，有一半隐于前胸。中、后胸最宽，向尾端渐细。雄虫第8腹节背面有1对紫色斑。腹足退化。

（三）防治方法

（1）在第1代麦蛾产卵高峰期至峰后2~3天，喷施有机磷类或菊酯类杀虫剂，将麦蛾消灭在钻蛀籽粒之前。

（2）在夏季高温的晴天，用日光暴晒摊开的小麦粮食，使粮温达到50~52℃，保持2小时，可杀死麦蛾的卵、幼虫和蛹，然后趁热入库堆放。

（3）对于麦蛾侵入不久的粮食，将粮堆顶部揭去30厘米，可除去麦蛾。

（4）将晒干的沙子装入麻袋或塑料袋，平整地铺放在粮面上，挨紧压实，防止成虫移出。

（5）在大型粮仓内安装黑光灯或用麦蛾性诱剂诱杀成虫。

（6）在密封的仓库中，施用磷化铝或其他熏蒸剂灭虫。

十二、沟牙甲

（一）为害特点

幼虫取食幼芽、幼苗。幼芽受害后不能出苗，幼苗于三叶期前受害，整株枯萎死亡，三叶期后幼虫钻蛀地中茎，取食心叶，造成枯心苗。

（二）形态特征

小麦沟牙甲为鞘翅目牙甲科害虫。成虫体长约4.5毫米，茶褐色。头为黑褐色，头顶中有1条倒“Y”形黑线。触角呈球棒状，

9节，1~2节细长，3~6节短，端部3节膨大。前胸背板有5条褐色纵带，鞘翅上有稀疏长毛和5行纵脊。足为浅黄褐色，密生小刺。老熟幼虫体长约9毫米，体扁平，浅灰褐色。

（三）防治方法

（1）避免小麦、水稻连年接茬种植，轮作油菜、玉米等作物2年以上。

（2）夏初在插秧放水时打捞水中漂浮物，捕杀成虫。

（3）用辛硫磷拌种。

（4）播种前施用辛硫磷药土，或播种时随耧施用辛硫磷颗粒剂。

（5）发现受害苗后，用辛硫磷药液灌根杀虫。

十三、蝗虫

（一）为害特点

蝗虫分飞蝗和土蝗两大类。飞蝗群居，远距离迁飞，易暴发成灾。土蝗蝗蝻多无明显的群集性，成虫不做远距离迁飞。蝗虫属于杂食性害虫，主要为害包括麦类在内的禾本科植物。成虫和若虫喜食叶片、嫩茎，将叶片咬成孔洞、缺刻，可把大面积农作物吃成光秆，在大发生时，几乎取食所有的绿色植物。接近草地、山林、荒地的农田受害较重。

（二）形态特征

蝗虫属于直翅目。成虫为大、中型害虫，体粗壮。触角呈丝状，少数种类呈剑状或锤状，其长度短于虫体。咀嚼式口器。前胸背板发达，可盖住中胸。后足多为跳跃式，腿节发达。多数种类有

2对发达的翅，前翅纵脉多为直脉。雄虫能以后足腿节摩擦前翅而发音。雌虫的产卵器粗短，锤状或凿状。若虫叫作蝗蝻。其形态与成虫相似，但体型较小，生殖器官没有发育成熟，无翅，能跳跃。蝗虫的种类很多，常见的有东亚飞蝗、大垫尖翅蝗、小翅雏蝗、亚洲小车煌、中华剑角蝗、短额负蝗等。

（三）防治方法

防治东亚飞蝗要采取多种措施，改变蝗区生态条件，使蝗虫失去产卵的适生场所，消灭飞蝗滋生的基地。还要加强监测，在卵孵化盛期至蝗蝻3龄盛期，使用马拉硫磷等药剂进行地面或飞机喷雾。在药剂不足或植被稀疏时，施用麦麸毒饵或青草毒饵。

农区土蝗发生区域要改善生态条件，破坏蝗虫的生存环境。要清除杂草，精耕细作，深翻土壤，细致耙耱，通过暴晒、机械杀伤或天敌捕杀降低虫口密度。生物防治措施主要是保护和利用天敌，施用杀蝗绿僵菌、蝗虫微孢子虫等微生物农药。药剂防治以挑治为主，普治为辅，巧治低龄。施药适期为3龄盛期，采用地面超低量喷雾或低量喷雾，大面积应急防治采用飞机喷药。邻近荒坡草地的农田要在周围喷打10~20米宽的药剂封锁带。在缺乏水源的地方，可喷粉或施用毒饵。

十四、蟋蟀

（一）为害特点

蟋蟀食性杂，成虫和若虫取食根、茎、叶等器官。叶片可被咬出孔洞或缺刻。密度大时可造成死苗和缺苗断垄。

（二）形态特征

蟋蟀属于直翅目蟋蟀科，种类多，多混合发生。成虫体为黑褐色，头顶为黑色，两复眼内侧有“八”字形橙黄色纹。前胸背板为褐色，有1对羊角形深褐色斑。雌成虫的产卵管长于后足腿节，但远短于体长。银川油葫芦成虫为褐色至黑褐色，头为黑色，复眼内侧有橙黄色斑但不清晰，触角窝上方具有1对黄色眉状斑。前胸背板为黑色，有1对半月形浅色斑纹。雌虫的产卵管长度接近体长。

（三）防治方法

（1）秋季耕翻土地，及时清除杂草。

（2）保护和利用寄生螨、青蛙、蟾蜍等天敌。

（3）实行毒饵诱杀、堆草诱杀、黑光灯诱杀。

（4）撒施辛硫磷毒土，严重发生田块喷施高效氯氰菊酯、溴氰菊酯等菊酯类杀虫剂。

十五、飞虱

（一）为害特点

寄主种类多，可在各茬寄主作物间辗转为害。成虫、若虫刺吸叶片汁液，使叶片发黄干枯，造成减产。

（二）形态特征

飞虱属于同翅目飞虱科，种类多。成虫体型小，能跳跃，口器为刺吸式，后足胫节末端有1个显著的距，扁平，能活动。触角短，锥形。翅透明。飞虱类多有长翅型和短翅型两种类型。

灰飞虱成虫的前翅为浅灰色，有翅斑。短翅型成虫的翅仅达腹部的2/3。雌虫为黄褐色，雄虫为黑褐色。雌虫小盾片中央为浅黄色或黄褐色，两侧各有1个半月形深黄色斑纹。雄虫小盾片全为黑色，腹部较细瘦。

白背飞虱成虫头顶显著凸出，头在复眼间部分长过于阔。雌虫体大部分为灰黄褐色，小盾片中间为黄白色，两侧为暗褐色，中胸背板侧区为黑褐色，胸、腹部的腹面为黄褐色。雄虫大部分为黑褐色，头顶及两侧脊间、前胸背板和中胸背板中域为黄白色。前胸背板侧脊外方，在复眼后方有1个暗褐色新月形斑。中胸背板侧区为黑褐色。胸部和腹部的腹面为黑褐色。仅雌虫有短翅型。

(三) 防治方法

(1) 调整作物结构，尽量减少小麦田套播玉米和玉米田套播小麦等种植方式。

(2) 小麦应适期播种，避免早播，减少秋苗的发虫数量。

(3) 调整夏玉米的播种期，避免灰飞虱迁移高峰期与易感生育期相重合。

(4) 及时清除杂草。

(5) 加强监测，在冬麦秋苗期、返青期和穗期，对发虫田块及时喷药，有效药剂有马拉硫磷、速灭威、异丙威、溴氰菊酯、氯氰菊酯、噻嗪酮、吡虫啉、吡蚜酮等。

十六、麦叶灰潜蝇

(一) 为害特点

幼虫潜食小麦、大麦的叶肉，将叶尖部分吃成透明的袋状潜斑，内有黑色粪便，使麦叶前半段干枯。

(二) 形态特征

麦叶灰潜蝇属于双翅目潜蝇科。成虫为小型蝇类，体为黑色。

头部及触角为黑色，胸部为黑色且被薄粉。翅透明，微带浅茶褐色，翅脉为黄褐色。平衡棒基部为土黄色，端部为白色。足为黑色，但胫节基部、腿节膝部为褐色。腹部为黑色，有弱光。雌虫腹部第 6 节和第 7 节为深黑色，有强光。幼虫呈蛆形，各体节前缘有数排浅褐色小刺。体后部末端有 2 个肉质突起。初孵时为乳白色，老熟后为污黄色。蛹近柱形，褐色。

（三）防治方法

（1）轮作倒茬，减少连作。

（2）麦收后及时耕翻灭茬，将越冬蛹深埋入 25 厘米以下。

（3）在田间初现被害状时，喷布有机磷杀虫剂药液。

十七、蓟马

（一）为害特点

蓟马是多食性害虫，为害麦类作物时，成虫、若虫取食叶片和花器。蓟马以锉吸式口器锉破表皮，吸取汁液。受害麦叶出现很多小白点。严重时，叶尖卷曲，叶片干枯。受害小穗的护颖和外颖变色、皱缩、枯萎，出现黑褐色斑点，麦粒空秕。

（二）形态特征

蓟马为缨翅目微小昆虫，常见种类有管尾亚目管蓟马科的小麦管蓟马，以及锯尾亚目蓟马科的禾蓟马和花蓟马等。

小麦管蓟马成虫为黑褐色，细长，体长 1~2 毫米。头部近长方形，中胸与后胸愈合，前胸能转动。翅 2 对，狭长，翅缘有缨毛。前翅无色，近基部较暗，无脉纹。腹部末端延长成尾管，后端较狭，生有较长的刺毛。

花蓟马雌成虫体为褐色，略带紫色。触角有8节，较粗壮，褐色。翅2对，狭长，前翅较宽短，前脉鬃20~21根，后脉鬃14~16根。第8腹节背面后缘梳完整。雌虫腹部末端呈圆锥形，生有锯状产卵器。雄虫体较小，浅黄色。2龄若虫体长约1毫米，黄灰色；复眼为红色，触角有7节。

禾蓟马雌成虫为灰褐色至黑褐色，中后胸带黄褐色。触角有8节，较瘦细。翅2对，狭长。前翅为灰白色，脉鬃连续，前脉鬃19~22根，后脉鬃14~17根。第8腹节背面后缘梳不完整。雌虫腹部末端呈圆锥形，生有锯状产卵器。雄虫为黄色，小于雌虫。

（三）防治方法

（1）实行合理的轮作倒茬，减少麦田套种玉米。

（2）适时早播或种植早熟品种。

（3）小麦收获后及时进行深耕，清除杂草。

（4）适期喷药防治，有效药剂有吡虫啉、虫螨腈、阿维·啶虫脒、敌百虫、马拉硫磷等。

十八、金针虫

（一）为害特点

金针虫是鞘翅目叩头甲科幼虫的统称，是我国重要的地下害虫。在我国主要为害的金针虫有两种，即沟金针虫和细胸金针虫。

沟金针虫2~3年才能完成1个世代，大部分是以幼虫在23~33厘米土层中越冬，以成虫越冬的机会较少。在10厘米以下地温达8℃时，幼虫开始活动。土温达8℃时，幼虫上升到小麦根际周围开始为害。在4月中旬为害最重。干旱或多雨时，幼虫躲向深层，这时为害较轻。雄虫交配后3~5天死亡。雌虫在交配后把卵产在3~7厘米土层，产卵后不久便死亡。经过35~38天，卵孵化后，9月下旬至10月上旬，由于表土温度合适，为害秋播小麦。10月下旬越冬。经过翌年生长发育，到了当年或者第三年的8月下旬至9月中旬，钻入土中做室化蛹，幼虫期1~2年，成虫羽化后，当年不出土就在原化蛹土室越冬，翌年春季活动，3月底至4月上旬为活动盛期，成虫白天躲在土里或田边石块、杂草下面的阴暗潮湿处，夜间出来交配。沟金针虫成虫不取食。幼虫每年在小麦返青期到孕穗期为为害高峰期，主要蛀食茎基节的幼嫩部分，切断营养的输导组织，使上部茎叶枯萎。细胸金针虫的为害习性基本和沟金针虫相同，不过细胸金针虫更适合于低温，所以一般早春为害严重，温度高于17℃时，则停止为害。

（二）形态特征

幼虫身体细长、坚硬，呈金黄色，故名金针虫。沟金针虫成虫深栗色，体表密生金黄色细毛，前胸前窄后宽，呈半球形，后缘角向后突出，鞘翅长为头胸的4倍。幼虫体扁，头背部有一纵沟，全身金黄色，尾节深褐色，末端分叉，内侧有一小齿。蛹尾端有刺状突起。细胸金针虫暗褐色，体表密被灰色短毛。前胸背板略呈圆形，长大于宽，前、后宽相同，后缘角向后伸，鞘翅长为头胸的两倍。幼虫圆筒形，淡黄色，尾节圆锥形，近基部两侧有一褐色圆斑，蛹长纺锤形，乳白至黄褐色，尾端无刺状突起。

（三）防治方法

注意合理密植，及时浇水、施肥，促进小麦生长；在播种前高温堆肥，使各种有机肥充分腐熟；用氨水或碳酸氢铵作基肥可以杀死地下害虫。另外，药剂拌种同蛴螬防治方法。

十九、蛴螬

(一) 为害特点

蛴螬在较深土壤中过冬，翌年春季气温回升，当土壤温度在5℃左右时，幼虫开始向地表活动，到13~18℃时，即为活动盛期，这时主要为害返青小麦和春播作物，老熟幼虫在土中化蛹，成为成虫，白天潜伏于土壤内，傍晚飞出活动，取食树木及庄稼的叶片。雄虫和雌虫交尾后把卵产在10厘米左右深土中，孵化后幼虫为害大豆、花生等。秋季小麦出苗后为害小麦。蛴螬的为害与土壤湿度有关，湿度适宜对蛴螬发生有利，表土层土壤含水量高于20%或低于10%时，不利于为害。另外，与前茬作物有关，一般花生和大豆茬口，蛴螬发生多、为害重。

(二) 形态特征

暗黑鳃金龟、华北大黑鳃金龟和铜绿丽金龟是我国发生为害最为严重的3种地下害虫。

暗黑鳃金龟成虫体乌黑无光泽，前胸背板前缘有一横列黄褐色刚毛，小盾片半圆形，前足胫节外缘3个齿较钝。卵初产时无色透明，孵化前变灰白色。幼虫头顶冠缝两侧各1根刚毛，腹部末臀节腹面无刚毛列，肛门孔3列，蛹纺锤形。

华北大黑鳃金龟成虫黑褐色，有光泽，前胸背板前缘无横列黄褐刚毛，小盾片形状似三角形。前足胫节外缘3个齿较尖，卵初产青白色，孵化前变乳白色。幼虫头顶刚毛每侧3根，腹末臀节腹面无刚毛列，肛门孔3列。蛹纺锤形，赤红色，前足胫节外侧3个齿较尖。

铜绿丽金龟成虫铜绿色有金属光泽，前胸背板前缘无横列黄褐

色刚毛，小盾片似半圆形，前足胫节外缘两个齿尖锐。卵初产时青绿色，孵化前变乳白色。幼虫头前顶刚毛每侧 6~8 根，腹末臀节腹面有刚毛列，每侧 13~15 根，肛门孔横列呈“一”字形。蛹长卵圆形，淡黄色，前足胫节外侧两个齿较尖锐。

（三）防治方法

1. 农业防治

农业防治是蛴螬防治中不可或缺的关键环节，主要从以下几方面来进行。

（1）清洁农田。铲除田边地头的杂草，集中处理；平整土地，深翻改土，消灭沟坎荒坡，植树种草，以消灭地下害虫滋生地，创造不利地下害虫发生的环境条件。同时注意清理秸秆残茬。

（2）合理轮作倒茬。蛴螬易为害禾谷类的小麦、玉米，豆科的花生、大豆以及马铃薯等块根、块茎作物，而不易取食直根系的棉花、芝麻、油菜等作物。因此，合理轮作，尤其是水旱轮作，可以明显地减轻地下害虫为害。

（3）深耕翻犁。通过这种方式，可以将生活在土壤表层的蛴螬翻到深层，将生活在深层的翻到地面，通过暴晒、鸟雀啄食等，一般可以消灭一部分蛴螬。耕翻土壤、拾虫杀死、冻垡晒垡等技术措施应结合使用。同时，结合秋播深翻，还可破坏蛴螬下潜的虫道，使其不能安全越冬，减少翌年的虫口基数。

（4）合理施肥。一定要施用腐熟的猪粪厩肥等有机农家肥料，否则易招引金龟子、蝼蛄等产卵。

（5）合理、适时灌水。春季和夏季作物生长期间适时灌溉，迫使生活在土表的蛴螬下潜或死亡，可以减轻为害。

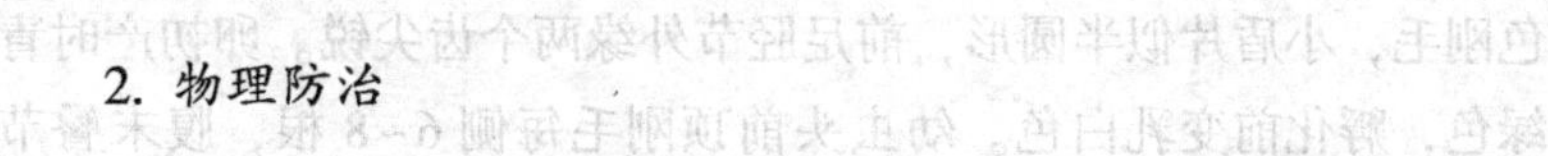

2. 物理防治

田间成虫盛发期（可根据不同种类的金龟子确定时期），利用某些金龟子对光的趋性，通过合理布置频振式杀虫灯或黑光灯进行诱杀，单盏灯控制面积可达4公顷左右。也可在傍晚时利用成虫的假死性，进行人工捕杀，将成虫消灭在产卵前，以压低虫口数量。也可利用成虫嗜食杨、柳、榆等树木叶片的特性，在田间设置树枝把，诱集成虫后集中杀死。

3. 化学防治

（1）种子处理。药剂种子处理方法简便，是保护种子和幼苗免遭蛴螬为害的有效方法，这种方法用药量最低，因而对环境的影响也最小。目前我国主要推选液剂拌种（湿拌），提倡微胶囊悬浮剂拌种。微胶囊悬浮剂拌种省时，省工，非常符合当今农村劳动力缺乏的现状，加之其残效期较长，可以持续到作物生长的大部分时间，因此可以较好的控制蛴螬的为害。目前效果较好的微囊种衣剂有辛硫磷、毒死蜱、氟虫腈·毒死蜱、阿维菌素等。使用时将种子与18%辛硫磷微胶囊悬浮剂2 000倍液按1∶10拌种，也可在播种前将辛硫磷药剂均匀喷撒到地面，然后翻耕或用将药剂与土壤混匀；或播种时将药剂与种子混播。20%毒死蜱微囊种衣剂田间推荐剂量为1 500~2 100毫升/公顷，拌毒土撒施，防效可达90%以上。每公顷用15%毒死蜱颗粒剂9~10.5千克或48%毒死蜱乳油3 000毫升，在花生行间顺垄撒施，随之与中耕锄草配套把毒土翻施土中，也可撒施后结合浇灌，防效明显。15%毒死蜱颗粒剂在花生花针期撒施，每公顷有效成分1.8~3.6千克，防效可达80%。也可用40.7%毒死蜱乳油进行拌种。拌种前应作发芽试验，确定适当的用药量。

（2）土壤处理。一般土壤处理方法有多种：第一，将药剂均匀撒施于土面（实际是地表处理），然后犁入土中，也可以成带状施下，然后将种子沿药带播下，即所谓条施；第二，施用颗粒剂；第三，将药剂与肥料混合施下，即肥料农药复合剂；第四，沟施或穴施等。为减少污染和天敌的杀伤，可局部施药，特别是施用颗粒剂，作为选择性土壤处理更有其优点。施用颗粒剂虽比普通种子处理花费大，但持效期长，除在播种期外，生长期亦可以使用；同时还可以减少药剂对种子的伤害（药害）。如果使用颗粒撒播机施用，还可以省时省力，节约劳动力。

4. 生物防治

在重视化学防治的同时，结合生物防治及物理防治也是蛴螬防治中不可或缺，并且越来越重要的技术环节。目前推广的生物药剂主要是苏云金芽孢杆菌（Bt）和绿僵菌对蛴螬幼虫进行防治，也可利用金龟子的性外激素辅以诱集植物的提取物防治成虫。

第三节　杂草绿色防控

我国麦田杂草有200多种，为害严重的有30多种。杂草为害是造成小麦减产的重要原因。它们与小麦争水、争肥、争光，造成小麦苗小、苗弱、苗黄，甚至造成畸形苗，同时使田间郁闭，利于病虫害的发生，因而对小麦产量和品质都会造成很大影响。研究表明，麦田播娘蒿每平方米18株、猪殃殃每平方米18~20株，将会使小麦减产1 000千克/公顷；麦田中有杂草每平方米200株，每公顷会消耗氮135千克、磷30千克、钾135千克，会造成小麦减产1 350千克/公顷以上。一般造成小麦减产10%，杂草严重的地块可导致减产50%以上。

麦田杂草防除主要有3种方法：一是物理防除，即采用人工拔草、锄草、用犁耙或农机翻耕等手段控制杂草的为害。二是生物防治，是利用动物、植物、微生物、病毒及其代谢产物防除杂草的生物控制技术，如利用杂草致病菌或病菌毒素杀灭杂草等。三是化学防除，主要有土壤封闭处理和选择性茎叶处理两种方式。土壤封闭处理是指在小麦播种后出苗前将药剂均匀施于土壤表面，控制杂草的出苗为害，目前北方麦区很少使用。选择性茎叶处理是根据田间已出苗的杂草主要种类和数量，选择相应的一种或几种除草剂进行防除。选择性茎叶处理是当前麦田广泛应用的化学除草方法。

一、综合防除技术

小麦田杂草防控坚持综合治理，要充分发挥农业措施的控草作用、合理安全使用化学除草剂，根据杂草种类与分布特点，推广重点防除技术，开展分类指导，提高除草效果。

（一）优化种植管理

1. 重草田实施轮作换茬

对上年草害严重的小麦田，结合种植业结构调整，指导农户实施轮作休耕，减轻小麦田杂草发生基数，压缩重草田面积。

2. 小麦种子去杂

精选麦种，汰除混杂在麦种内的杂草种子，减少杂草种源。

3. 培育壮苗健苗

提高秋播整地质量、合理运筹施肥、秸秆深翻切细等，使小麦全苗、壮苗，增强抗逆性；腾茬早的田，在播前诱发杂草发生的基

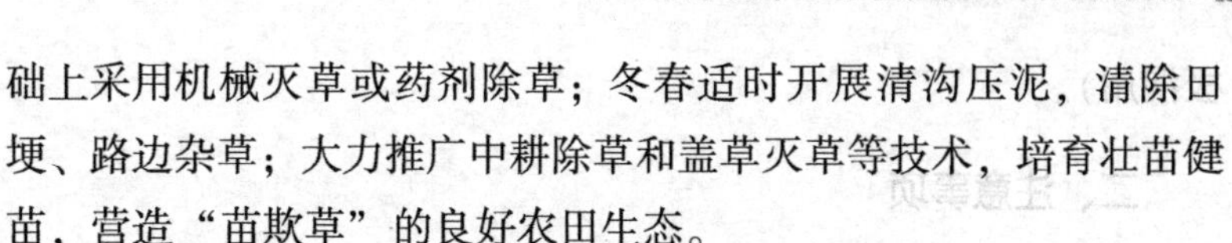

础上采用机械灭草或药剂除草；冬春适时开展清沟压泥，清除田埂、路边杂草；大力推广中耕除草和盖草灭草等技术，培育壮苗健苗，营造“苗欺草”的良好农田生态。

（二）科学开展化学除草

麦田化学除草要根据不同草相选择对路药剂品种，重视土壤封闭技术的普及，合理使用茎叶喷雾药剂，做到科学开展化学除草。

1. 土壤封闭除草技术

要求在播后开沟覆土盖籽后半个月内抢墒情及早施用土壤封闭处理剂。使用50%苯磺·异丙隆可湿性粉剂或50%异丙隆可湿性粉剂均匀喷雾。对已有杂草明显发生的麦田，使用50%苯磺·异丙隆或50%异丙隆另加6.9%精噁唑禾草灵（骠马）浓乳剂或加15%炔草酯可湿性粉剂一起混喷。用药时间要抢早，气温高、草龄小、墒情好的情况下施药可提高除草效果。

2. 茎叶喷雾除草技术

小麦田茎叶喷雾除草技术是见草打药，具有较强针对性的优点，但施药易受阴雨天气影响、药液易被雨水冲刷等不足。

（1）禾本科草多的，草龄3叶左右的田，可在晴暖天气使用6.9%精噁唑禾草灵（骠马）乳油均匀细喷雾。禾草草龄大5叶左右，使用50克/升唑啉草酯·炔草酸（大能）或15%炔草酯（麦极）或5%唑啉草酯（爱秀）等高效茎叶处理药剂进行化除。

（2）阔叶草多的田，使用20%使它隆乳油或20%锐超麦水分散粒剂均匀喷雾。

（3）禾本科草、阔叶草均多的田，可以用骠马和使它隆或锐超麦混喷（注意锐超麦不可与爱秀、大能混用，可以和骠马、麦极混用)。

二、注意事项

技术措施要以行政推动得以落实。要精心组织，认真指导，确保安全用药，全面做好化控处理工作。秋播作物除草要坚持以化学防除与农业辅助措施相结合的防除策略，且要立足冬前进行化除，提高用药质量，以确保化除效果。

秋播小麦田除草时间紧、技术要求高，各区镇应及时组织技术人员深入田间地头，现场指导种植户，提高技术到位率。针对麦田不同草相和除草剂特点，指导农户掌握除草剂使用技术和注意事项，适期施药，严防药害。

严格按照农药标签要求使用。同时，“三品”基地应严格按照有关规定执行。

油菜田化学除草。移栽油菜田应在禾本科杂草3~5叶期（在11月下旬至12月中旬）用药，直播油菜田在油菜6~8叶期用药，用5%高效盖草能或5%精禾草克乳油小机细喷雾，阔叶草多的油菜田另加30%草除灵兼除。用药总的要求是在草龄5叶之前、草基本出齐、晴朗天气施用。

第四节 “一喷三防”技术

“一喷三防”是小麦中后期管理的重要技术措施，是指在小麦生长中后期，通过叶面喷施植物生长调节剂、叶面肥、杀菌剂、杀虫剂等混配液，通过一次施药达到防干热风、防病虫、防早衰的目的，实现增粒增重的效果，确保小麦丰产增收。

一、“一喷三防”技术原理

1. 高效利用，养根护叶

高纯磷酸二氢钾等叶面肥直接进行根外喷施，植株吸收快，养分损失少，肥料利用率高，健株效果好。可以快速高效起到养根护叶的作用。

2. 改善条件，抗逆防衰

喷施“一喷三防”混配液可以增加麦田株间的空气湿度，改善田间小气候，增加植株组织含水率，降低叶片蒸腾强度，提高植株保水能力，可以抵抗干热风危害，防止后期植株青枯早衰。

3. 抗病防虫，减轻为害

叶面喷施杀菌剂，可以产生抑制性或抗性物质，阻止锈病、白粉病、纹枯病、赤霉病等病原菌的侵入，抑制病害的发展蔓延，减少上述各种病害造成的损失。叶面喷施杀虫剂，农药迅速进入植株体内，可以通过蚜虫、吸浆虫等刺吸式害虫吸食植株或籽粒中的汁液，毒死害虫，有些农药同时对害虫有触杀和熏蒸作用，通过喷药直接杀死害虫，从而降低虫口密度或彻底消灭害虫，以防止或减轻害虫对小麦生产造成的损失。

4. 延长灌浆，提高粒重

喷施植物生长调节剂后，可以延缓根系衰老，促进根系活力，保持小麦灌浆期根系的吸收功能。减少叶片水分蒸发，避免干热风造成植株大量水分损失而形成青枯早衰。促使小麦叶片的叶绿素含量提高，延长叶片功能期，延缓植株衰老，促进叶片强光合作用，

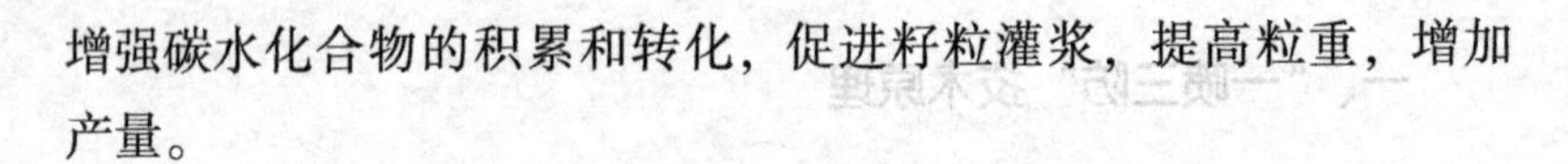

增强碳水化合物的积累和转化，促进籽粒灌浆，提高粒重，增加产量。

二、“一喷三防”技术要点

“一喷三防”的喷施时期是在小麦抽穗开始至灌浆期。这一时期的病害主要有白粉病、锈病、纹枯病、赤霉病等。防治小麦锈病、白粉病的主要农药有三唑酮、烯唑醇、戊唑醇、氟环唑、己唑醇、腈菌唑、丙环唑等。防治赤霉病的药剂主要有氰烯菌酯、烯肟·多菌灵、戊唑醇、咪鲜胺、多菌灵等。

第一次“一喷三防”：在小麦抽穗期，当田间病株率达10%时，可第一次用药，正常情况下在小麦齐穗后第一次喷药。

第二次“一喷三防”：在扬花初期（10%）（注意不要在小麦扬花盛期用药）。

第三次“一喷三防”：发病较重的麦田，距第二次用药后7~10天进行第三次用药。每次喷药后，如遇到连续阴雨天气，可在5~7天后，补喷1次。

第五章　小麦收获贮藏与加工技术

第一节　小麦的收获

小麦的收获技术主要包括收获时间和收获方法，而各地的具体收获时间和收获方法主要是根据小麦的成熟程度、品种特性、生产条件以及当地的农事安排和天气特点等综合情况而定。

一、小麦的收获期

小麦的收获期主要是依据小麦籽粒的成熟程度而决定的。小麦成熟期分为乳熟期、蜡熟期和完熟期。乳熟、蜡熟期又分为初、中、末3个阶段，并依据植株和籽粒的色泽、含水量等指标来判定。乳熟期的茎叶由绿色逐渐变为黄绿色，籽粒有乳汁状内含物。乳熟末期籽粒的体积与鲜重都达到最大值，粒色转淡黄、腹沟呈绿色，籽粒含水量45%~50%，茎秆含水量65%~75%。蜡熟期籽粒的内含物呈蜡状，硬度随熟期进程由软变硬。蜡熟初期叶片黄而未干，籽粒呈浅黄色，腹沟褪绿，粒内无浆，籽粒含水量30%~35%，茎秆含水量40%~60%。蜡熟中期下部叶片干黄，茎秆有弹性，籽粒转黄色、饱满而湿润，种子含水量25%~30%，茎秆含水量35%~55%；蜡熟末期，全株变黄，茎秆仍有弹性，籽粒黄色、稍硬、含水量20%~25%，茎秆含水量30%~50%。完熟期叶片枯黄，籽粒变硬，呈品种本色，含水量在20%以下，茎秆含水量

20%~30%。

小麦适宜的收获期是蜡熟末期至完熟期。适期收获产量高，质量好，发芽率高。过早收获，籽粒不饱满，产量低，品质差；收获过晚，籽粒因呼吸及雨水淋溶作用导致蛋白质含量降低，碳水化合物减少，千粒重、容重、出粉率降低，在田间易落粒，遇雨易穗上发芽，有些品种还易折秆、掉穗。人工收割和机械分段收获宜在蜡熟中期至末期进行；使用联合收割机直接收获时，宜在蜡熟末至完熟期进行；留种用的麦田在完熟期收获。若由于雨季迫近，或急需抢种下茬作物，或品种易落粒、折秆、折穗、穗发芽等原因，则应适当提前收获。此外，生产上还应根据品种特性、生产条件以及当地的农事安排和天气特点等综合情况适当调整。

二、小麦的收获方法

小麦收获方法分为分别收获法、分段收获法、直接联合收获法。分别收获法是用人力、畜力或机具分别进行割倒、捆禾、集堆、运输、脱粒、清选等各项作业，可根据各自生产条件灵活运用。此法投资较少，但工效低，进度慢，且一般损失较大，适宜于联合收割机无法收割的丘陵山区和小块地。分段收获法是利用在蜡熟中期至末期割倒的小麦茎秆仍能向籽粒输送养分的原理，把收割、脱粒分两个阶段进行。第一阶段用割晒机或经改装的联合收割机将小麦植株割倒铺放成带状，进行晾晒，使其后熟；第二阶段用装有拾禾器的联合收获机进行脱粒、初步清选。分段收获的优点是比直接联合收获提早 5~7 天开始，提高作业效率与机械利用率，加快收获进度；提高千粒重、品质和发芽率；减少落粒、掉穗及破碎率等损失；减少晒场及烘干机作业量；便于提前翻地整地；减少草籽落地。分段收获不但产量较高、质量好，而且成本低。分段收获的技术要点在于，除应注意割倒的适期外，还需掌握割茬高度为

16~22 厘米，放铺宽度 1.2~1.5 米，麦铺厚度 6~15 厘米，放铺角度 10°~20°，割后晾干 2~5 天内及时拾禾脱粒等。

随着农业机械化的普及，目前大部分地区普遍采用直接联合收获法。此法是采用联合收割机在田间一次完成割刈、脱粒、初清，具有作业效率高、劳动强度小、损失少、收割质量好的优点。直接联合收获的技术要求，割茬高度适宜，籽粒总损失率及破碎率低，清洁率高，作业进度快。为更好地适应农业技术要求，谷物联合割获机的发展趋势是大马力自走式，增大割刀行程和转速，加大滚筒直径及宽度，增加麦秆分离面积，改进清选装置，对割台高度、喂入量、转速等进行自动控制和监视；有的收割机还装有麦秆切割、撒施设备，有利于秸秆还田。

第二节　小麦的贮藏

为了保障小麦的周年供应和长远供应，需要贮藏小麦。少则贮藏一年，多则数年。在贮藏过程中，由于各种条件的变化，会对小麦的数量、品质等产生影响，所以，贮藏小麦的主要任务有三项：一是要尽量保持原有的品质；二是要防止不应有的数量损耗；三是要尽量减少保管费用。为了达到上述要求，就要采取适当的贮藏方法。

一、小麦的贮藏方法

小麦是我国最主要的贮备粮之一，贮藏量很大，约与稻谷相当。我国春麦区小麦多在 7—9 月收获，处在一年中的高温阶段，有利于小麦的干燥。但是，高温又适宜于害虫和霉菌的生长繁殖；收获季节高温、多雨和潮湿，往往为小麦的晒干贮藏带来一定困难。

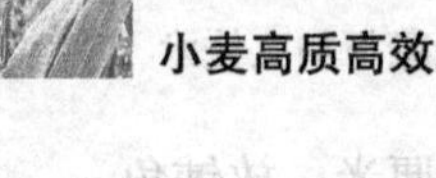

（一）特性

小麦的特性和其他谷类粮食有不同的方面，表现如下。

小麦籽粒外面无保护物，皮层组织不致密，具有较强的吸湿性。红皮、硬质小麦吸湿性强，白皮、软质小麦吸湿性弱。所以，硬质小麦比软质小麦容易贮藏。

小麦在后熟过程中，呼吸作用旺盛，产生大量水分，并释放出大量的热，使粮堆内温度增高，湿度较大，这些水汽上升到温度较低的麦堆表面，被麦粒吸收，麦较膨胀，形成“结顶”现象。“结顶”的深度，多在麦堆表面以下30厘米以内。入仓时种子含水量越高，出现“结顶”就越快，有时会突然出现高热，甚至造成霉烂变质。所以在入库前要使麦粒充分干燥，加速后熟过程，入库后要勤检查，防止“结顶”霉坏。

小麦具有一定的耐高温能力。据试验，含水量为12%的小麦，入库时的粮温为43℃，在40℃以上的条件下保管20天，再在30℃以上的温度中保管65天，然后在常温中保管10个月，品质不下降，发芽率仍在90%以上。小麦的这种耐高温特性，有利于进行高温杀虫。

（二）贮藏方法

根据小麦的上述特性，常采用下列一些贮藏方法。

1. 热进仓密闭法

也叫热处理法，具体做法为5步。

第一步：选择晴朗高温天气，先把晒场晒热。

第二步：约在10时，将小麦摊在晒场上暴晒，要摊得薄一些，并注意勤翻。

第三步：当小麦水分降到12%以下，温度升高到46℃以上时，过2小时就可趁热进仓。如果在场上趁高温把小麦堆成2 000~2 500千克一堆，闷半小时，杀虫效果更好。小麦进仓前，在地面上要铺垫麻袋等物，以防近地面小麦结露。

第四步：在17时以前入库完毕，整平粮面，先在粮面上铺一层席子，再用晒热的草苫、麻袋等物覆盖保温，同时密闭门窗。要求小麦在46℃以上温度中保管7~10天。目前塑料薄膜密闭法逐渐广泛应用，可选用0.18~0.2毫米的聚氯乙烯或聚乙烯薄膜，采用六面、五面或一面封盖。

第五步：高温密闭时间一般为10~15天，如粮温由40℃左右下降，可揭去覆盖物，通风降温，同时要注意粮堆表面“结顶”。如粮堆内温度下降较快，也可以不揭覆盖物，到秋后再揭。

对于数量较少的小麦，也同样可以采用这种方法。先将小麦和贮存器同时放在太阳下晒，当麦温升高后，趁热放入贮存器内，并立即封闭贮存器。如果贮存器散热太快，可以用棉絮等物保温，过7天之后再揭掉，但不要揭贮存器的盖子。经过热处理后，小麦一般不会生虫，但小麦必须晒得很干。贮存器可就地取材，一般可用农村常见的缸、瓮等。

采用热进仓密闭法贮藏小麦有很多优点，一是有良好的杀虫效果，麦温在44~47℃时，可全部杀死害虫；二是能促进小麦后熟，小麦经暴晒后入仓密闭保持10天左右的高温，可以缩短后熟期，提高发芽率；三是由于暴晒后的小麦含水量低，后熟充分，工艺品质好，出粉率略增，面筋品质不会降低；四是用热处理杀虫，不用农药，可减少农药污染，保障人身安全。由于这种贮藏方法的优点很多，所以是国家粮库和民间贮存小麦的主要方法之一。

2. 低温贮藏法

在保管过程中，可利用冬季严寒低温，进行翻仓，通风冷冻、过筛除杂，将麦温降至0℃左右，种子含水量应在12.5%以下。然后趁冷归仓，密闭压盖，进行冷密闭。这不仅有利于消灭越冬害虫，而且可以降低呼吸作用，减少养分消耗。大型粮库如翻仓困难，可通过机械通风降温；少量的麦子也可以选夜间出场摊冻，早晨趁冷入仓密闭。小麦在收获的头一二年内交替进行高温与低温密闭贮存，是最适合农户贮存小麦的一种方法。陈小麦返潮生虫时，也可采用低温密闭。低温密闭的麦堆，在贮藏过程中，要严防温暖气流的侵入。

3. 密闭压盖法

此法适用于小麦大量散装保管，其优点是防湿、防虫，特别是抑制麦蛾繁殖有良好效果。具体做法如下。

将干燥小麦堆的表面层整平，要求小麦含水量在12%以下；在粮面覆盖麻袋2~3层，或蔑垫两层，做到麻袋与麻袋、蔑垫与蔑垫之间衔接紧密而平整。压盖物也可以用干的草灰或干沙，以砻糠灰为最好，有干燥、防虫作用。一般要求压盖厚度为10~15厘米。如果压盖糠灰或干沙，必须先垫一层隔离层，把粮食与灰、沙分开，以防污染。压盖物的上面，再压些较重的其他物品。压盖时间最宜在冬去春来时，一定在过冬麦蛾羽化之前。对于热进仓保管的新收小麦，如果因为小麦的后熟作用出现“结顶”或在表层30厘米以内有水分凝结，可以揭开压盖物，耙翻粮面，通风散湿。严重时，应将表层小麦出仓整晒。入秋后，应揭去压盖物降温。

当农户采用较大型的瓮、缸贮存小麦时，也可采用此法，在瓮或缸内装盛小麦近满后，在上面进行压盖。

4. 干燥密闭法

此法适用于几百千克以下的少量小麦保管。干燥密闭可以起到

防潮防虫作用。具体做法如下。

将没有缝隙或孔洞的瓮、缸、罐或铁皮箱、木柜等贮存器洗刷干净，木柜、铁皮箱内须铺垫塑料纸。在贮存器底层放入相当于小麦重量30%的生石灰或干的草灰作干燥剂，在干燥剂上面铺一层隔离层，或将干燥剂用布袋包好垫在底层，以防粮食污染。将小麦放入，密封贮存器。不能有漏水、漏气现象，否则此法无效。使用此法保管小麦可达数年之久。

二、贮藏期间霉、虫、鼠害的防治

小麦收获入库时期，正是高温多湿季节，适宜虫、霉、鼠的繁殖，容易使小麦受到为害。因此，做好“三害”的防治工作是贮存好小麦的重要环节。“三害”的防治应采用“以防为主，综合防治”的原则。

（一）小麦霉变的预防

小麦霉变是微生物活动的结果。霉变之后，会对小麦品质有不同程度的影响，霉变严重时，会使小麦失去应用价值。可以采取以下措施加以预防。

1. 控制水分

小麦要晒干入库，入库时水分含量在12%以下，如果贮存期超过一年，则水分含量还要降低。

2. 贮存在干燥场所

一般要求保管场所凉爽，相对湿度在65%~70%，或者更低一些。如果外界相对湿度较离，应密闭门窗，尽可能隔绝外界潮气进入，仓内湿度较高时，应通风排湿。

3. 低温贮藏

一般应把粮温降到15~20℃，也可以利用冬季低温时期，进行自然降温。并在气温上升时期紧闭门窗，防止热空气进入仓内。

4. 改善贮存条件

做到屋顶不漏水，地面不潮湿，墙面内壁有隔潮层。

5. 勤检查

特别是在雨季，应检查是否漏雨、漏风。如发现小麦受潮，应及时采取措施，必要时应倒仓翻晒。

（二）贮麦害虫的防治

在小麦贮存期间，常见的害虫有麦蛾、玉米象等。防治害虫，应以预防为主，尽可能使其不生虫。一旦发现生虫，就应及时采取措施灭杀。

在防治害虫方法上，上面讲过的热进仓密闭法、密闭压盖法等，都能防治害虫。采用砻糠灰、麦壳灰、草木灰防治小麦害虫，也是很好的办法。其中以砻糠灰最好。砻糠灰是稻壳燃烧后的灰，内含较多的硅质，对害虫有触杀作用。

第三节　小麦的加工利用

小麦的加工也叫小麦制粉，就是在一定工艺条件下，通过机械设备将小麦的麸皮和胚乳分离，并把胚乳磨成一定粒度的面粉。面粉、麸皮是食品工业、饲料工业的主要原料，也是农户每日食用和饲养禽、畜所不可缺少的。

一、小麦制粉

小麦制粉是先将小麦清理，然后经过研磨和筛理等过程，磨制出一定数量比例的、符合国家质量标准规定的面粉。

小麦制粉的生产过程是：

毛麦→清理→制粉→面粉
　　　　↓　　　↓
　　　下脚　麸皮

小麦制粉总的要求是：保证加工精度，努力提高产品纯度和出粉率，适当提高单位产量，降低消耗，做到安全生产。

（一）小麦的清理

1. 毛麦去杂

在小麦入磨前，必须对小麦中所含的杂质进行清理。在制粉中，一般将清理之前含有各种杂质的小麦称为毛麦。毛麦中所含杂质种类很多，包括植物的茎叶、壳、根，混入的虫尸、布片、纸屑等有机杂质；尘土、泥沙、煤渣、玻璃、铁钉、断铁丝等无机杂质；黑穗病粒、赤霉病粒等有害杂质；玉米、大麦、豆类等其他作物的籽粒；无食用价值的小麦干瘪粒、发芽粒、病斑粒等。对于这些杂质，常采用筛理机械，如振动筛、平面回转筛等，或去石洗麦机、吸风分离器、滚筒精选机等进行清理。农村常用风车清选、淘洗清选、簸箕清选等。

2. 水分调节

将毛麦去杂之后，在入磨前还需进行水分调节，可分为室温水分调节和加温水分调节。在室温条件下将小麦着水，并在仓内存放一段时间，达到润麦的要求，称室温水分调节；将小麦着水后，用水分调节器加热处理，并在麦仓内存放一段时间，起调节的作用，称为加温水分调节。磨粉工业中较普遍地采用室温水分调节方法。

室温水分调节一般分为着水和润麦两个工序。在制粉工厂里，一般采用洗麦机、着水机使小麦着水；在农村，如采用淘洗清理法，本身即有着水作用。一般来讲，硬质、蛋白质含量高的小麦，着水量要多；小麦原有含水量过低，着水量要多，如一次着水不能满足要求，可进行二次、三次着水润麦。加工特制粉时，一般对入磨前的小麦进行喷雾着水及 20 分钟左右的润麦，以增加麸皮的韧性，减少面粉中的含麸量。

润麦是指将着水后的小麦存放一定时间，使水分由麦粒表面向内部渗透，使麦粒内、外均匀吸水。制粉厂的润麦，在润麦仓内进行。润麦时间一般为 18～30 小时。如果是软质小麦，气温高，润麦时间短些；硬质小麦，气温低，则需较长时间。

对小麦着水、润麦的要求是一要适量，二要均匀。一般要求着水润麦后小麦籽粒的含水量达 14%～16%。软质小麦可为 14%左右；硬质小麦可为 15%～16%。着水不均匀时，就会使有的麦粒水分高，有的水分低。水分高的，清皮刮不净；水分低的，清皮破碎程度大，这都影响出粉率和面粉的质量。

3. 小麦搭配

小麦搭配是指将不同品质特征的小麦，如不同皮色、不同面筋含量和质量、不同粒质的小麦，按一定比例搭配在一起，使之能磨出符合质量标准的面粉，或符合一定加工要求的面粉。例如，在软质小麦中搭配一定比例的硬质小麦，可以增加面粉的蛋白质含量和面筋含量，使面粉和成的面团弹性增强，更适于制作面条、馒头等食品。我国目前多数面粉厂不具备小麦搭配加工的条件，只有部分

大型厂，才进行搭配加工。

（二）小麦的制粉

小麦制粉过程，就是利用研磨和筛理机械，将小麦籽粒中富于营养而又易于消化的胚乳部分，分离出来，磨成细粉；同时刮净籽粒皮层上的胚乳，得到含粉较少的清皮。

小麦制粉经过研磨、筛理、清粉、刷麸等工序，将经过清理之后的净麦，按一定的工艺流程，加工成一定类型和等级的面粉。

1. 研磨

研磨是利用研磨机械，将清理和润麦后的净麦剥开，把其中的胚乳磨成细粉，并将黏结在籽粒皮层上的胚乳刮干净。研磨一般采用辊式磨粉机。磨粉机的种类很多，例如，中型的面粉加工厂使用MQ中型气压磨粉机，农村小型制粉厂广泛使用MG型手动磨粉机。

2. 筛理

经过一道研磨后的物料，须通过一定的筛理设备筛出面粉，将剩余的麸皮、麦渣、麦心，再送往不同的研磨系统处理。将研磨、筛理、清粉等制粉工序组合起来，对净麦按一定产品等级标准和工艺流程进行加工的过程，称为制粉流程，简称“粉路”。

二、小麦粉的利用

小麦加工的主要产品——小麦粉，也称面粉，是供应城乡居民一日三餐的主要成品粮品种。面粉通过不同的加工方法，可以制成各种不同类型的面制品数百种，其中包括大众化食品如馒头、面条、水饺、烧饼、花卷、煎饼等；方便食品如面包、方便面、炒面等；煎炸食品如麻花、煎包、油炸圈、炸馅饼、油条、油饼等；糕点类制品如蛋糕、饼干、甜饼等。

随着我国人民生活水平的提高，人们似乎越来越喜欢食用各类精制粉，面越白越好。其实，加工精度越高，出粉率越低，其中的营养成分的含量也越低。所以，从营养的角度，不宜食用精白的面粉。目前，一些发达国家市场上广泛销售全麦粉或全麦粉的面包，甚至还有在全麦粉中再加入麸皮的。这是因为小麦的皮层，以及皮层之下的糊粉层，还有营养成分含量十分丰富的胚，在磨粉过程中都被作为麸皮磨掉了。

小麦粉除了上面一些最经常的用途外，还可采用物理、化学等方法从小麦粉中分离出小麦蛋白。例如，将面粉和成面团后，再用手洗法可从中洗出面筋，面筋的主要成分是蛋白质；还可用化学法或其他方法提出更为纯净的小麦蛋白。小麦蛋白可作为面制品的改良剂得到广泛的利用，例如，在面条中加入小麦蛋白，能使面条柔软光滑，减少断头；在面包生产中加入小麦蛋白，可以按人们的需要调整面包的蛋白质含量。

小麦蛋白在鱼、肉类制品加工中，不但作为增量剂，还可以改善制品的风味。

提出蛋白后的淀粉，可作味精、酵母等发酵原料，也可制作葡萄糖和饴糖。

三、麦胚的利用

麦胚占小麦籽粒重量的2%左右，是小麦的精华，它含有人体必需的特殊营养物质。例如，胚中蛋白质含量很高，约占28%；还含有10%左右的油脂。麦胚油中还含有防止人体衰老的维生素E和植物固醇，具有降低人体血清胆固醇的作用，是一种珍贵的保健营养油。

在小麦磨粉前，可先用脱胚机脱下麦胚。对脱下的麦胚，可加工成全脂胚、脱脂胚和麦胚油3种产品。全脂胚是将精选的麦胚烘焙，使麦胚中的水分降到3%~3.5%。脱脂胚是将生麦胚通过压榨或浸出，脱除油脂，然后烘焙。全脂麦胚和脱脂麦胚用途很广，可用于面包、饼干、糕点的制作，也可用来制作婴儿食品、老年食品、营养保健食品和饮料等。用麦胚生产的麦胚饼干，具有麦香清甜的独特风味，色泽好，酥脆爽口。从麦胚中脱除的油脂，经过加工可制成小麦麦胚油，可直接食用，或者添加在牛奶、豆浆、面包等制品中；或将麦胚油制成滴丸或胶囊，食用方便。

四、麸皮的利用

小麦的皮层约占籽粒重量的15%，在小麦加工成面粉时，被脱除成麸皮，是磨粉的副产品。麸皮含有多种营养成分，其中蛋白质14.1%，脂肪3.9%，碳水化合物53.6%，粗纤维10.5%，还含有多种维生素和微量元素。

在广大农村，多用麸皮作为畜禽的饲料。其实，麸皮还有多方面的用途。

麸皮中含有多种纤维素，粗纤维可加速肠部蠕动，防止大肠癌；可减少胆固醇在体内合成，同时还能降低糖尿病人的血糖含量。不过，利用麸皮作为人们食物原料时，要先加以处理。处理后的麸皮纤维粉，可用来制作各种烘烤食品、甜糕点、馅料等。目前常见的有纤维素面包、纤维素饼干等制品，制品中麸皮添加量一般在5%~20%。

此外，利用麸皮还可洗制面筋，可供食品工业或发酵工业使用。从麸皮中还可以提出维生素E等，用作糖果的填充剂，制取饲料酵母等，麸皮还是制作酱油、饴糖、醋、酒的原料。

主要参考文献

马艳红，王晓凤，毛喜存，2018. 小麦规模生产与病虫草害防治技术［M］. 北京：中国农业科学技术出版社.

王万章，等，2021. 小麦收获机械化生产技术［M］. 北京：中国农业出版社.

杨雄，王迪轩，何永梅，2020. 小麦优质高产问答［M］. 第2版. 北京：化学工业出版社.

于立河，2015. 小麦标准化生产图解［M］. 北京：中国农业大学出版社.